极简烘焙

47 款经典美味点心

[日]吉永麻衣子 著

李中芳 译

江苏凤凰文艺出版社

JIANGSU PHOENIX LITERATURE AND ART PUBLISHING, LTD

前言

之前，出版社询问我是否有意写一本用“冷藏发酵法”烘焙点心的书。说实话，尽管我从事烘焙时日已久，但对于自己能否出书多少有些忐忑。不过，此前我常常制作司康饼和松饼之类的点心，对各式美味了然于胸。所以我想，要是能跟大家分享一些简单美味的点心制作心得，让大家也能体会到用“冷藏发酵法”烘焙之美妙，也未尝不是一桩美事。于是，我开始试着制作一些点心。

在制作的过程中，我充分体会到用发面制作点心的精妙所在。或许将面团放入冰箱的那一刻你并未发觉，但将发过的面团放入烤箱后，面团变大蓬松的过程则会让你惊叹不已。而且，在发酵粉的作用下点心的味道也变得更加丰富、醇厚。这让我不得不再次惊叹发酵粉的魅力所在。

同时，“冷藏发酵法”无需进行烦琐的温度调适。空闲时制作面团放入冰箱，想烘焙时随时随地可以制作。这种可以轻松搞定的烘焙法尤其适合每天忙得不可开交的妈妈们。而且，每次打开冰箱时对着面团默念“快点变美味，快点变美味”，面团也会看上去更加可爱动人呢。

在这本书中我将向大家介绍几种用日常食材烘焙点心的方法，希望可以丰富一下大家的早餐或零食。相信再也没有比与亲人朋友一起制作满口溢香的点心更开心的事情了。让我们一起享受用心烘焙点心的幸福时光吧！

吉永麻衣子

CONTENTS

PART1 磅蛋糕

PART2 曲奇饼&意大利脆饼

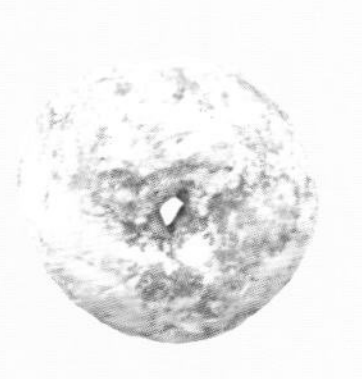

PART3 司康饼

PART4 甜甜圈

PART5 松饼

本书说明

- 材料重量均以“g”表示。
- 1大勺=15g、1小勺=5g。
- 所使用鸡蛋约60g、所使用黄油均不含盐。
- “一小撮”是指用拇指、食指及中指捏起的量。
- 烤箱的烘烤时间和温度是大致范围。烤箱种类不同，所需时间和温度也各有差别。应视情况而定。

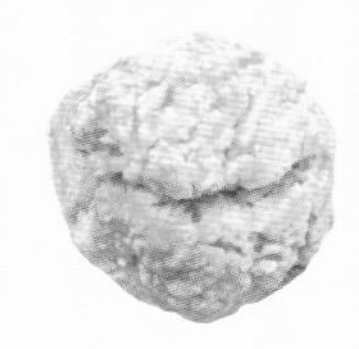

“冷藏发酵法”烘焙点心的要点 

1. 在冰箱中发酵面团

本书中所介绍的烘焙点心，最大的特点是要将面团放入冰箱中冷藏发酵。在制作面包时通常在常温下发面，但经常会因室温等因素导致面团发过头，无法保证膨松度而影响面包制作。但在冰箱中发酵面团的方法则无需有此担心。将面团放入冰箱后，在一定的温度和湿度的作用下，面团会逐渐变得美味。在冰箱中经面粉与水充分融合，烘焙出的点心口感更佳。

2. 少量发酵粉，让点心软糯有嚼劲

烘焙点心通常使用泡打粉，而本书中选择使用发酵粉。发酵粉发酵力较好，可使烘焙出的点心软糯有嚼劲，与面包口感相似。面团会在冰箱中慢慢低温发酵，因此不必担心发酵粉的用量过少。与发酵粉相比，烘焙点心时使用泡打粉，可使点心细腻，入口即化。发酵粉虽不具备这些优点，但却能呈现出与众不同的新口感。

3. 一个盆轻松搞定面团

家常制作的点心，最大的特点便是简单且美味。无需烦琐的准备工作，收拾起来也非常简单，让人有种每天都想制作的欲望。本书中介绍的所有食谱，只需将各种材料按顺序加入盆中均匀搅拌，无需技巧。即使有时搅拌不充分，面团在冰箱中发酵的过程中，各种材料自然而然地融合在一起，烘焙出的点心仍然美味。而且，使用工具较少，清洗时也能省不少事。

4.感受发酵粉作用下面团的变化

面团在冰箱中放置8小时以上，即可随用随取。而制作某些点心时需要将面团放置于冰箱中10天左右。面团在冰箱中慢慢地发酵，发酵时长不同，烘焙好的点心口感也各不相同。如图中所示，左边和右边分别是由发酵1天、发酵3天左右的面团烘焙出的磅蛋糕。用发酵3天左右的面团烘焙出的点心更为膨松，口感厚实。那么是不是面团发酵得越久越好呢？其实也不尽然。有些人喜欢发酵1天的面团烘焙出的点心，弹性更好更有嚼劲，而有些人则喜欢面团发酵2天、3天或者更久。而只有发酵的面团才会呈现这种渐变过程。大家不妨多尝试制作几种发酵时长不同的点心，找到自己喜欢的那一款。

5 . 将面团置于冰箱中随用随取

相信很多人都想亲手为家人制作小点心，却苦于抽不出时间。的确，为每日的茶点大费周章实在是有些力不从心。但本书中介绍的点心做法，只需提前制作面团储存在冰箱，想要制作时将面团放进烤箱中或平底锅中即可。大家可以在晚上或者周末有闲余时间时，制作面团并置于冰箱中发酵。饭后甜点时间便可吃到新鲜出炉的小点心了。因此，只要冰箱常备面团，烘焙点心就会变得轻而易举。

基本材料

以下着重介绍本书中所使用的材料。
原则上选取日常使用的材料即可。

鸡蛋

面粉中加入鸡蛋之后，可以做出丰润香醇的面团。使点心松软，口感醇厚。

发酵粉

让面团发酵的必需品。开封之后，若已放置一段时间，活力会减弱，这一点需要留意。

黄油

添加黄油等油脂类可让面团更加香浓，富有弹性。味道独特醇厚，使点心口感更丰富，本书中使用无盐黄油。

盐

制作时加入少许，可提升点心的甜度。盐的种类繁多，可根据个人喜好选择。

白砂糖

可增添点心甜度，并与发酵粉相得益彰，促进发酵。本书中如无明确指出，则可根据个人喜好选择添加。

牛奶

用来溶解发酵粉，并使面团柔软。建议使用原味牛奶。

低筋面粉

比高筋面粉颗粒细小，筋度低。在超市购买即可。

高筋面粉

筋度高，黏性强。可与低筋面粉混用制作甜甜圈等。

橄榄油

香味独特，用于增加点心风味。推荐使用特级初榨橄榄油。

椰子油

香味浓淡因商品而异。本书中使用的是香味淡雅的椰子油。

芝麻油

香味淡雅，适于制作各式点心。比黄油更易操作。

枫糖浆

香味独特，微甜，尤其适于制作松饼。可替代白砂糖使用，风味极佳。

香草油

用于制作香草味点心。与香草精相比，加热后香味犹存，适于制作各种点心。

基本制作工具

制作时无需特殊工具，家庭常用工具即可。
建议保存容器按用途分开使用。

盆

准备直径约30cm、用于搅拌各种材料的盆；另外准备几个直径约10cm的小盆，用于溶解发酵粉或是盛放切好的材料。

电子秤

用来测量材料重量。电子秤准确度较高，使用起来也比较简单。使用以克为基本单位的材料也没问题。

打蛋器

搅拌时必不可少。根据盆的大小挑选合适尺寸的打蛋器。

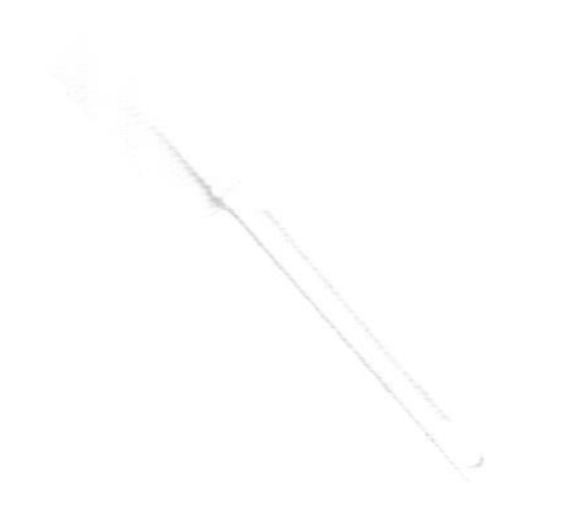

刮刀

用于搅拌面粉，避免面粉结块。推荐使用硅胶制品。

刮板

用于将黄油与面粉搅拌均匀，或是将面团移至操作台。

擀面棒

适用于制作小饼干与司康饼时压擀面皮。推荐使用制作面包专用的或压擀面皮时可将空气压出的擀面棒。

磅蛋糕模具
本书中使用适合一家人食用的17.8cm×8.7cm×6cm的磅蛋糕模具。推荐使用氟塑料塑脂材质的模具，易于面团脱落成型。

保存容器
根据面团的状态选择不同的保存容器。大尺寸的容器用于放置已基本成型的面团，较深的容器放置制作司康饼的面团，较浅的容器放置制作小饼干的面团。小而深的容器则用于放置制作松饼等面糊较稀、发酵进程较慢的面团。

保鲜膜
用于裹住面团使其发酵，或覆盖面团表面将其擀薄，用途广泛。

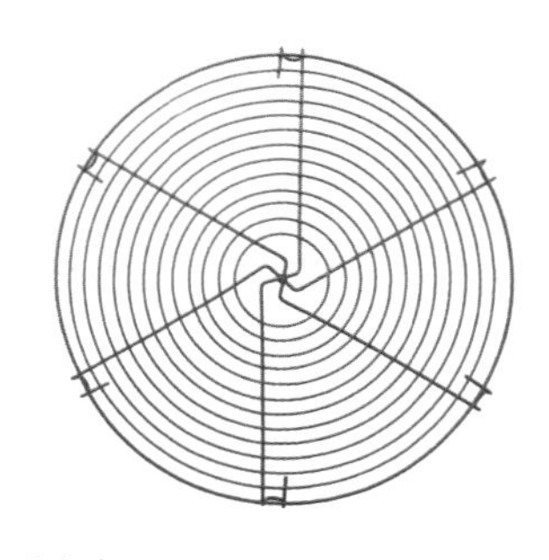

硅油纸
烘焙小饼干或松饼时垫在烤盘上。有可反复使用的，也有一次性的硅油纸。

隔热手套
从微波炉中端出烤盘或磅蛋糕模具，或直接取出烘焙好的点心。刚出炉的点心温度很高，建议使用两双手套。

冷却架
建议将刚出炉的点心放置于冷却架上散热，非常方便。

PART1

磅蛋糕

制作磅蛋糕只需将材料混合倒入模具，然后置于冰箱中发酵。

想要烘焙时将面糊与模具一起放入烤箱中即可。

做法简单，适于饭后甜点。

而且，发酵时长不同，烘焙出的磅蛋糕的膨松度和口感也各不相同。

大家不妨多加尝试，寻觅到钟爱的味道。

磅蛋糕的做法

下面首先介绍一下不放馅料的磅蛋糕的做法。
该种磅蛋糕保留了发面的天然醇香，制作简单，易于掌握。

材料（17.8cm×8.7cm×6cm磅蛋糕模具1个）
黄油……70g
白砂糖……70g
鸡蛋……2个

A
低筋面粉……100g
盐……一小撮

B
发酵粉……1/2小勺（2g）
水……1大勺

准备工作

【和面前准备】
* 将黄油置于室温下，或置于微波炉中加热30秒，使其软化。
* 将鸡蛋放置到常温，在盆中打散成蛋液。
* 将**B**中的材料混合，使发酵粉溶解。

【烘焙前准备】
* 将烤箱预热至180℃。

将发酵粉缓缓倒入**B**的水中，注意不要结块。

做法

和面

1. 搅拌黄油与白砂糖

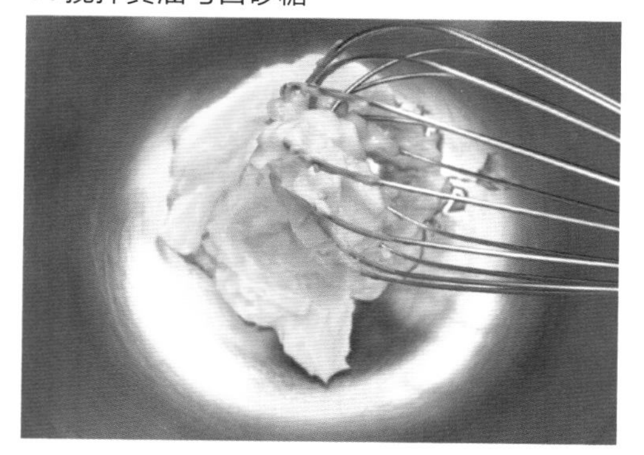

将黄油加入盆中，用打蛋器轻轻搅拌。将黄油搅拌至柔软的乳膏状。

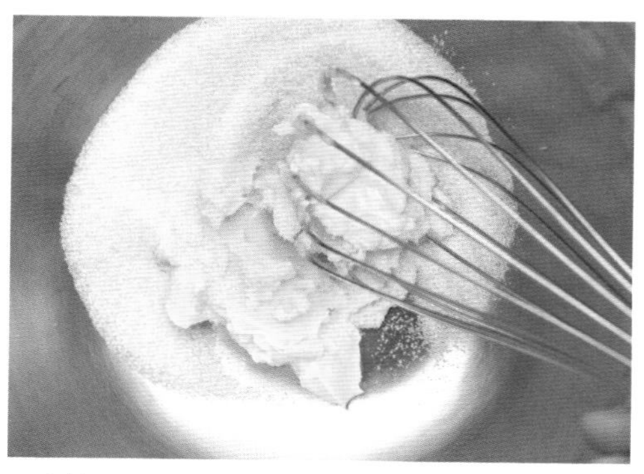

一次性加入白砂糖后，充分搅拌。

2. 加入鸡蛋搅拌

加入一半蛋液充分搅拌。

完全混合后再加入剩余的蛋液，再次充分搅拌。

3. 混合面粉

将材料**A**边筛边加入。

用刮刀从盆底不断翻动面糊，避免结块。

将面糊充分搅拌，直至没有颗粒感。

4. 加入发酵粉

观察发酵粉是否都浸入水中。
* 此时发酵粉还无法充分化开，只要完全浸润在水中即可。

将发酵粉一次性加入盆中，用刮刀将其与面糊混合。

5. 整形

将面糊倒入模具中。

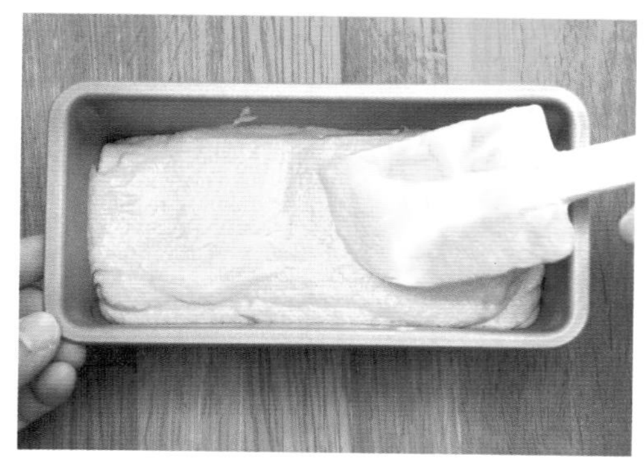

用刮刀将面糊表面刮匀。

发酵

6.将面糊放入冰箱发酵。

将面糊用保鲜膜包好，放入冰箱冷藏。发酵8小时以上到3天左右。

烘焙

7.烘焙

将面糊发酵8小时以上，便可随取随用。剥去保鲜膜，放置于180℃的烤箱中烘焙25分钟。烘焙好后从模具中取出，置于冷却架上冷却。

＊图中为发酵一晚的面糊。

出炉喽!

如需保存，则等蛋糕冷却后，用保鲜膜包住，常温保存。建议3日内食用完毕。

面糊的变化以及口感差异

在制作磅蛋糕时，只要将面糊直接倒入模具中发酵即可。因此面糊中会产生很多大的气泡。发酵粉的成分是酵母菌，在低温的冰箱中也能使面糊不断发酵。因此，发酵时长不同，面糊的状态以及烘焙好的点心的口感也会有所差异。

发酵第1天

发酵第3天

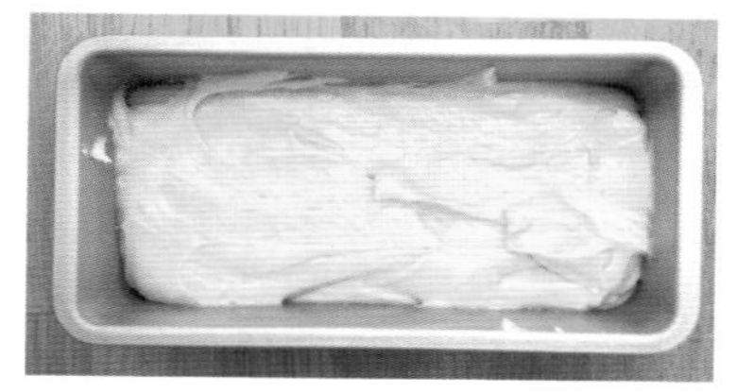

面粉与水分充分融合，整体呈白色。

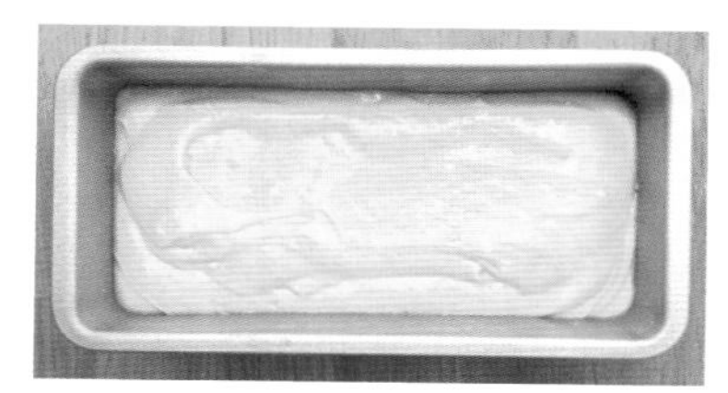

面糊整体变光滑，与第1天相比，略呈黄色。

蛋糕整体比较蓬松，未见高度变化。

蛋糕整体蓬松，且高度变化明显。

此时面糊蓬松度不足，烘焙出的蛋糕紧实，有嚼劲。

与第1天相比，口感更为软糯。

用磅蛋糕的面糊制作纸杯蛋糕

没有制作磅蛋糕的模具时，还可以用面糊尝试烘焙一下其他小点心。此时，你可以用玛芬杯制作纸杯蛋糕。这种点心形状可爱，携带方便，可以作为小礼物送出哦。

制作工具（直径4cm，高3.5cm的玛芬杯6个）
磅蛋糕面糊……适量

做法

1 制作磅蛋糕面糊。
2 将面糊倒入玛芬杯约4/5的位置（**a**），盖上保鲜膜放入冰箱发酵。
3 在预热到180℃的烤箱中烘焙15分钟后，置于冷却架上冷却。

奥利奥香蕉蛋糕

奥利奥饼干微苦的口感和奶油的甜味完美融合。
将香蕉用叉子碾成糊状后加入面糊中，面糊会变得更膨松。

材料（17.8cm×8.7cm×6cm磅蛋糕模具1个）
黄油……60g
白砂糖……60g
鸡蛋……1个
香蕉……1个
低筋面粉……150g
A
发酵粉……1/2小勺（2g）
水……1大勺
奥利奥饼干……5块

准备工作

【和面前准备】
* 将黄油置于室温下，或置于微波炉中加热30秒，使其软化。
* 将鸡蛋放置到常温，在盆中打散成蛋液。
* 将**A**中的材料混合，使发酵粉溶解。

【烘焙前准备】
* 将烤箱预热至180℃。

做法

和面

1. 将黄油放入盆中，用打蛋器轻轻搅拌，至黄油呈柔软的乳膏状。
2. 一次性加入白砂糖后充分搅拌。将蛋液分两次加入，每次均充分搅拌。
3. 将香蕉切成1cm见方的块状，用叉子背面将香蕉碾成糊状（**a**），加入**2**中，充分搅拌。
4. 将低筋面粉边筛边加入，用刮刀从盆底不断翻动面糊，避免结块。搅拌均匀至没有颗粒感。
5. 待材料**A**中的发酵粉都溶解在水中后，加入**4**中，用刮刀搅拌均匀。
6. 用手将奥利奥饼干掰成四等份（**b**），加入**5**中，快速搅拌。
7. 将面糊倒入模具中，用刮刀将面糊表面刮匀。

发酵

8. 将模具用保鲜膜包好，放入冰箱冷藏发酵8小时以上到3天左右。

烘焙

9. 将面糊发酵8小时以上，便可以随取随用。剥去保鲜膜，放置于180℃的烤箱中烘焙25分钟。烘焙好后从模具中取出，置于冷却架上冷却。

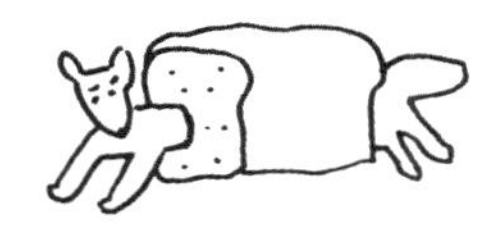

a

b

牛奶糖蛋糕

使用市售的牛奶糖，制作简单。
牛奶糖在烤箱中溶化于面糊中，使点心口感更丰富。

材料（17.8cm×8.7cm×6cm磅蛋糕模具1个）
黄油……70g
白砂糖……70g
鸡蛋……2个
A
低筋面粉……60g
杏仁粉……60g
盐……一小撮
B
发酵粉……1/2小勺（2g）
水……1大勺
牛奶糖（市售）……8颗

准备工作
【和面前准备】
* 将黄油置于室温下，或置于微波炉中加热30秒，使其软化。
* 将鸡蛋放置到常温，在盆中打散成蛋液。
* 将**B**中的材料混合，使发酵粉溶解。

【烘焙前准备】
* 将烤箱预热至180℃。

做法

和面

1. 将黄油放入盆中，用打蛋器轻轻搅拌，至黄油呈柔软的乳膏状。
2. 一次性加入白砂糖后充分搅拌。将蛋液分两次加入，每次均充分搅拌。
3. 将材料**A**边筛边加入，用刮刀从盆底不断翻动面糊，避免结块。搅拌均匀至没有颗粒感。
4. 待材料**B**中的发酵粉都溶解在水中后，加入**3**中，用刮刀搅拌均匀。
5. 加入牛奶糖快速搅拌。
6. 将面糊倒入模具中，用刮刀将面糊表面刮匀。

发酵

7. 将模具用保鲜膜包好，放入冰箱冷藏发酵8小时以上到3天左右。

烘焙

8. 将面糊发酵8小时以上，便可以随取随用。剥去保鲜膜，放置于180℃的烤箱中烘焙25分钟。烘焙好后从模具中取出，置于冷却架上冷却。

苹果蛋糕

苹果不加水进行翻炒，甜度加倍。再在点心表面撒上面包糠，口味更佳。

芒果酸奶蛋糕

制作该蛋糕时不使用黄油，而使用椰子油，口味清淡。酸奶与芒果配合使用，颇具热带食物的风格，烘焙出的点心更为爽口。

苹果蛋糕

材料（17.8cm×8.7cm×6cm磅蛋糕模具1个）
黄油……80g　白砂糖……60g　鸡蛋……2个

A
低筋面粉……80g
杏仁粉……30g

B
发酵粉……1/2小勺（2g）
水……1大勺

【苹果馅】※烘焙点心时用料……100g
苹果……1个　黄油……15g　细白砂糖……25g

【面包糠】
低筋面粉、杏仁粉……各20g
白砂糖、黄油……各15g　盐……一小撮

准备工作

【和面前准备】
* 将黄油置于室温下，或置于微波炉中加热30秒，使其软化。
* 将鸡蛋放置到常温，在盆中打散成蛋液。
* 将**B**中的材料混合，使发酵粉溶解。

【烘焙前准备】
* 将烤箱预热至180℃。

做法

和面

1. 制作苹果馅。将苹果去皮去核，切成5mm厚的薄片。平底锅中加入黄油和细白砂糖，先用小火后用中火加热。细白砂糖化开后加入苹果片翻炒而后稍稍煮一下。苹果片均匀受热后放入长方形浅盘中散热。
2. 制作面包糠。将除黄油以外的材料倒入盆中，用打蛋器搅拌。加入黄油，用手搅拌至呈碎屑的状态。
3. 参照“磅蛋糕”的制作步骤**1**～**4**，制作面糊（参考P02～04）。
4. 加入材料**1**大致搅拌后，将面糊倒入模具中。用刮刀将面糊表面刮匀，在表面撒上材料**2**。

发酵及烘焙

5. 参照“磅蛋糕”的制作步骤**6**、**7**进行发酵和烘焙（参考P05）。

芒果酸奶蛋糕

材料（17.8cm×8.7cm×6cm磅蛋糕模具1个）
鸡蛋……2个
白砂糖……60g
椰子油……40g
原味酸奶（无糖）……60g

A
发酵粉……1/2小勺（2g）
水……1大勺

芒果干……30g

准备工作

【和面前准备】
* 将鸡蛋放置到常温。
* 搅拌**A**中材料，使发酵粉溶解。

【烘焙前准备】
* 将烤箱预热至180℃。

做法

和面

1. 将鸡蛋放入盆中，用打蛋器轻轻搅拌。加入白砂糖充分搅拌。将椰子油分两次加入，每次均充分搅拌。
2. 加入酸奶，搅拌至没有块状物。将低筋面粉边筛边加入，用刮刀从盆底不断翻动面糊，避免结块。搅拌均匀至没有颗粒感。
3. 待材料**A**的发酵粉都溶解在水中后，加入**2**中，用刮刀搅拌均匀。
4. 将较大的芒果干用手掰成适当大小，加入到**3**中快速搅拌。
5. 将面糊倒入模具中，用刮刀将面糊表面刮匀。

发酵及烘焙

6. 参照“磅蛋糕”的制作步骤**6**、**7**进行发酵和烘焙（参考P05）。

蜂蜜柠檬蛋糕

柠檬微酸的口感与蜂蜜自然的甜香相得益彰。
将蜂蜜柠檬蛋糕切成小块盛于盘中，那种清新的香气和软糯的口感会让你忍不住
大快朵颐。

材料（17.8cm×8.7cm×6cm磅蛋糕模具1个）
黄油……70g
蜂蜜……70g
鸡蛋……2个
柠檬皮（磨碎）……半个柠檬的量
柠檬汁……半个柠檬的量
低筋面粉……100g
A
发酵粉……1/2小勺（2g）
水……1大勺

准备工作

【和面前准备】
* 将黄油置于室温下，或置于微波炉中加热30秒，使其软化。
* 将鸡蛋放置到常温，在盆中打散成蛋液。
* 搅拌**A**中材料，使发酵粉溶解。

【烘焙前准备】
* 将烤箱预热至180℃。

做法

和面

1 将黄油放入盆中，用打蛋器轻轻搅拌，至黄油呈柔软的乳膏状。
2 一次性加入蜂蜜后充分搅拌。将蛋液分两次加入，每次均充分搅拌。
3 加入柠檬皮和柠檬汁充分搅拌。
4 将低筋面粉边筛边加入，用刮刀从盆底不断翻动面糊，避免结块。搅拌均匀至没有颗粒感。
5 待材料**A**的发酵粉都溶解在水中后，加入**4**中，用刮刀搅拌均匀。
6 将面糊倒入模具中，用刮刀将面糊表面刮匀。

发酵

7 将模具用保鲜膜包好，放入冰箱冷藏发酵8小时以上到3天左右。

烘焙

8 将面糊发酵8小时以上，便可以随取随用。剥去保鲜膜，放置于180℃的烤箱中烘焙25分钟。烘焙好后从模具中取出，置于冷却架上冷却。

枫糖核桃蛋糕

这种磅蛋糕可以让你尽情享受核桃的醇香和口感。
枫糖浆搭配朗姆酒，风味独特，是成人下午茶的不错选择。

材料（17.8cm×8.7cm×6cm磅蛋糕模具1个）
黄油……50g
白砂糖……30g
鸡蛋……2个
枫糖浆……40g
朗姆酒……25g

A
低筋面粉……70g
全麦面粉（可用低筋面粉代替）…… 40g

B
发酵粉……1/2小勺（2g）
水……1大勺

烤核桃……50g

准备工作

【和面前准备】
* 将黄油置于室温下，或置于微波炉中加热30秒，使其软化。
* 将鸡蛋放置到常温，在盆中打散成蛋液。
* 搅拌**B**中材料，使发酵粉溶解。

【烘焙前准备】
* 将烤箱预热至180℃。

做法

和面

1. 将黄油放入盆中，用打蛋器轻轻搅拌，至黄油呈柔软的乳膏状。
2. 一次性加入白砂糖后充分搅拌。将蛋液分两次加入，每次均充分搅拌。
3. 加入枫糖浆和朗姆酒充分搅拌。
4. 将材料**A**边筛边加入，用刮刀从盆底不断翻动面糊，避免结块。搅拌均匀至没有颗粒感。
5. 待材料**B**的发酵粉都溶解在水中后，加入**4**中，用刮刀搅拌均匀。
6. 将较大的烤核桃用手掰成适当大小，加入**5**中，快速搅拌。
7. 将面糊倒入模具中，用刮刀将面糊表面刮匀。

发酵

8. 将模具用保鲜膜包好，放入冰箱冷藏发酵8小时以上到3天左右。

烘焙

9. 将面糊发酵8小时以上，便可以随取随用。剥去保鲜膜，放置于180℃的烤箱中烘焙25分钟。烘焙好后从模具中取出，置于冷却架上冷却。

水果蛋糕

水果蛋糕中加入一些用朗姆酒腌渍的水果干，味道醇厚。
刚出炉时味道香醇可口，放置几日再食用，会别有一番风味。

材料（17.8cm×8.7cm×6cm磅蛋糕模具1个）

黄油……50g
白砂糖……70g
鸡蛋……2个

A

低筋面粉……100g
肉桂粉……1小勺

B

发酵粉……1/2小勺（2g）
水……1大勺

朗姆酒腌渍的水果干……120g

准备工作

【和面前准备】

* 将黄油置于室温下，或置于微波炉中加热30秒，使其软化。
* 将鸡蛋放置到常温，在盆中打散成蛋液。
* 搅拌**B**中材料，使发酵粉溶解。

【烘焙前准备】

* 将烤箱预热至180℃。

做法

和面

1. 将黄油放入盆中，用打蛋器轻轻搅拌，至黄油呈柔软的乳膏状。
2. 一次性加入白砂糖后充分搅拌。将蛋液分两次加入，每次均充分搅拌。
3. 将材料**A**边筛边加入，用刮刀从盆底不断翻动面糊，避免结块。搅拌均匀至没有颗粒感。
4. 待材料**B**的发酵粉都溶解在水中后，加入**3**中，用刮刀搅拌均匀。
5. 加入朗姆酒腌渍的水果干，快速搅拌。
6. 将面糊倒入模具中，用刮刀将面糊表面刮匀。

发酵

7. 将模具用保鲜膜包好，放入冰箱冷藏发酵8小时以上到3天左右。

烘焙

8. 将面糊发酵8小时以上，便可随取随用。剥去保鲜膜，放置于180℃的烤箱中烘焙25分钟。烘焙好后从模具中取出，置于冷却架上冷却。

朗姆酒腌渍的水果干

将小块的水果干浸渍于朗姆酒中腌渍，口感醇厚，随用随取，非常方便。可将葡萄干或杏干等水果干在朗姆酒中腌渍一晚备用。

板栗红茶蛋糕

整颗放入的板栗，配以红茶的醇厚浓香，简直就是品质上乘的蛋糕。
本书中所使用的红茶为印度大吉岭红茶，大家也根据个人喜好，选择其他茶叶。

材料（17.8cm×8.7cm×6cm磅蛋糕模具1个）

黄油……60g
白砂糖……50g
盐……一小撮
鸡蛋……2个
蜂蜜……30g

A

低筋面粉……100g
印度大吉岭红茶（烘焙点心专用茶或茶包）……1大勺

B

发酵粉……1/2小勺（2g）
水……1大勺

带皮熟板栗……200g

准备工作

【和面前准备】

* 将黄油置于室温下，或置于微波炉中加热30秒，使其软化。
* 将鸡蛋放置到常温，在盆中打散成蛋液。
* 搅拌**B**中材料，使发酵粉溶解。

【烘焙前准备】

* 将烤箱预热至180℃。

做法

和面

1. 将黄油放入盆中，用打蛋器轻轻搅拌，至黄油呈柔软的乳膏状。
2. 一次性加入白砂糖和盐后充分搅拌。将蛋液分两次加入，每次均充分搅拌。
3. 加入蜂蜜充分搅拌。
4. 将材料**A**边筛边加入，用刮刀从盆底不断翻动面糊，避免结块。搅拌均匀至看不到生粉为止。
5. 待材料**B**的发酵粉都溶解在水中后，加入**4**中，用刮刀搅拌均匀。
6. 加入熟板栗，快速搅拌。
7. 将面糊倒入模具中，用刮刀将面糊表面刮匀。

发酵

8. 将模具用保鲜膜包好，放入冰箱冷藏发酵8小时以上到3天左右。

烘焙

9. 将面糊发酵8小时以上，便可以随取随用。剥去保鲜膜，放置于180℃的烤箱中烘焙25分钟。烘焙好后从模具中取出，置于冷却架上冷却。

抹茶甜纳豆蛋糕

绿色的抹茶色泽清新，制成的日式点心非常爽口，老少皆宜。甜纳豆可根据个人喜好，选择添加。

豆沙蛋糕

豆沙蛋糕中加入米粉和植物油，口感清淡。建议食用时涂抹奶油霜，味道更佳。

抹茶甜纳豆蛋糕

材料（17.8cm×8.7cm×6cm磅蛋糕模具1个）
鸡蛋……2个
白砂糖……75g
芝麻油（可用色拉油代替）……50g

A
低筋面粉……100g
抹茶……1小勺

B
发酵粉……1/2小勺（2g）
水……1大勺

甜纳豆……85g

准备工作

【和面前准备】
* 将鸡蛋放置到常温。
* 搅拌**B**中材料，使发酵粉溶解。

【烘焙前准备】
* 将烤箱预热至180℃。

做法

和面

1 将鸡蛋打碎，放入盆中，用打蛋器轻轻搅拌。
2 一次性加入白砂糖后充分搅拌。将芝麻油分两次加入，每次均充分搅拌。
3 将材料**A**边筛边加入，用刮刀从盆底不断翻拌面糊，避免结块。搅拌均匀至没有颗粒感。
4 待材料**B**的发酵粉都溶解在水中后，加入**3**中，用刮刀搅拌均匀。
5 加入甜纳豆，快速搅拌。
6 将面糊倒入模具中，用刮刀将面糊表面刮匀。

发酵

7 将模具用保鲜膜包好，放入冰箱冷藏发酵8小时以上到3天左右。

烘焙

8 将面糊发酵8小时以上，便可以随取随用。剥去保鲜膜，放置于180℃的烤箱中烘焙25分钟。烘焙好后从模具中取出，置于冷却架上冷却。

豆沙蛋糕

材料（17.8cm×8.7cm×6cm磅蛋糕模具1个）
鸡蛋……2个
豆沙馅……180g
芝麻油（可用色拉油代替）……40g

A
低筋面粉……70g
米粉……30g

B
发酵粉……1/2小勺（2g）
水……1大勺

准备工作

【和面前准备】
* 将鸡蛋放置到常温。
* 搅拌**B**中材料，使发酵粉溶解。

【烘焙前准备】
* 将烤箱预热至180℃。

做法

和面

1 将鸡蛋打碎，放入盆中，用打蛋器轻轻搅拌。
2 加入豆沙馅后充分搅拌。将芝麻油分两次加入，每次均充分搅拌。
3 参照“抹茶甜纳豆蛋糕”的制作步骤**3**、**4**、**6**，制作面糊。

发酵及烘焙

4 参照“抹茶甜纳豆蛋糕”的制作步骤**7**、**8**，进行发酵和烘焙。

培根蔬菜蛋糕

加入了青豌豆、玉米粒和培根的咸味蛋糕，色彩十分丰富。
这种蛋糕油脂较少，健康美味，适合做早餐或午餐。

材料（17.8cm×8.7cm×6cm磅蛋糕模具1个）

鸡蛋……1个
橄榄油……10g

A
低筋面粉……100g
胡椒粉……少许
盐……少许
帕玛森奶酪（粉末）……30g

B
发酵粉…… 1/2小勺（2g）
牛奶……50g

培根……45g
青豌豆（冷冻或罐装）……25g
玉米粒（冷冻或罐装）……25g
生洋葱……30g

准备工作

【和面前准备】
* 将鸡蛋放置到常温。
* 搅拌**B**中材料，使发酵粉溶解。

【烘焙前准备】
* 将烤箱预热至180℃。

做法

和面

1 将培根切成5mm的细丝，将洋葱切碎。
2 将鸡蛋打碎，放入盆中，用打蛋器轻轻搅拌。
3 加入橄榄油充分搅拌。
4 将材料**A**边筛边加入，用刮刀从盆底不断翻拌面糊，避免结块。搅拌均匀至没有颗粒感。
5 待材料**B**的发酵粉都溶解在水中后，加入**4**中，用刮刀搅拌均匀。
6 加入青豌豆、玉米粒和**1**中的材料，快速搅拌。
7 将面糊倒入模具中，用刮刀将面糊表面刮匀。

发酵

8 将模具用保鲜膜包好，放入冰箱冷藏发酵8小时以上到3天左右。

烘焙

9 将面糊发酵8小时以上，便可随取随用。剥去保鲜膜，放置于180℃的烤箱中烘焙25分钟。烘焙好后从模具中取出，置于冷却架上冷却。

PART2

曲奇饼 &
意大利脆饼

该部分介绍刚出炉的香脆的曲奇饼，

以及用与制作面包相近的面团稍微烤硬后制成的意大利脆饼。

这类点心易于存放，大量烘焙后作为礼物送出也会非常受欢迎。

曲奇饼的做法

将面团用保鲜膜裹好，放入冰箱冷藏发酵。使用时取出，将面团切成小块制作曲奇饼。
这种曲奇饼用家庭常备材料即可烘焙，制作简单，大家不妨尝试一下。

材料（制作厚7～8mm、直径4cm的饼干24块）

黄油……60g
白砂糖……75g
鸡蛋……1个
香草油……数滴

A

低筋面粉……200g
盐……一小撮

B

发酵粉……1/2小勺（2g）
水……1大勺

准备工作

【和面前准备】

* 黄油置于室温下，或置于微波炉中加热30秒，使其软化。
* 将鸡蛋放置到常温，在盆中打散成蛋液。
* 搅拌**B**中材料，使发酵粉溶解。

【烘焙前准备】

* 将烤箱预热至180℃。
* 烤盘上铺一层硅油纸。

将发酵粉缓缓倒入**B**的水中，注意不要结块。

做法

和面

1. 搅拌黄油与白砂糖

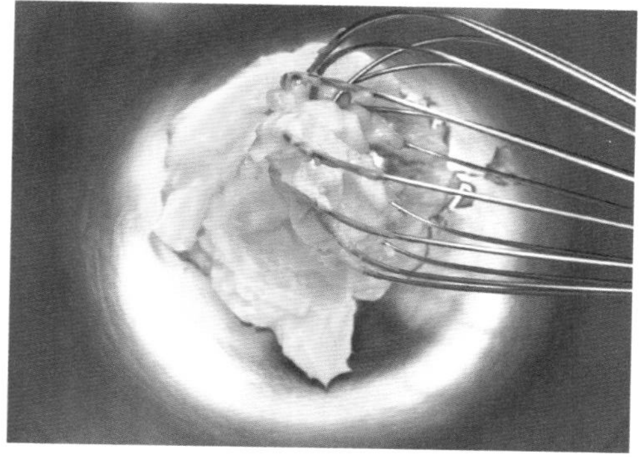

将黄油放入盆中，用打蛋器轻轻搅拌，至黄油呈柔软的乳膏状。

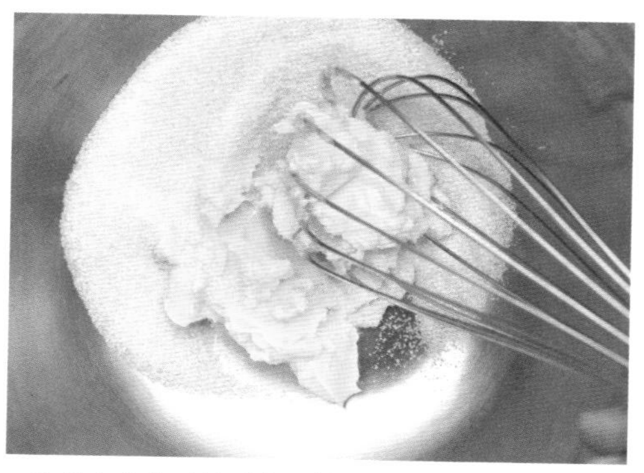

一次性加入白砂糖后充分搅拌。

2. 加入蛋液和香草油后搅拌

加入一半蛋液充分搅拌。完全混合后再加入剩下的一半蛋液，充分搅拌。

滴入几滴香草油后搅拌。

3. 混合面粉

将材料**A** 边筛边加入。

用刮刀从盆底不断翻动，避免结块。搅拌均匀至没有颗粒感。

4. 加入发酵粉

确保材料**B** 的发酵粉都浸没在水中。

* 此时发酵粉还未完全溶解，只要浸没在水中即可。

在盆中加入发酵粉水，用刮刀将面团表面刮匀。

发酵

5.将面团放入冰箱中冷藏发酵

在保鲜膜上放一半的面团，卷成直径4cm左右的圆柱形。剩下的一半面团同样卷好。放入冰箱中冷藏发酵8小时以上到10天左右。

烘焙

6.切割面团

面团在冰箱中冷藏发酵8小时以上之后，便可随用随取。

＊图中为发酵一晚的面团。面团已经变得很硬。

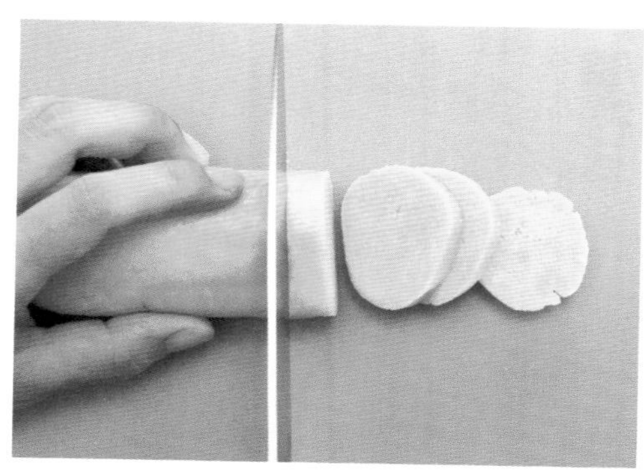

去掉保鲜膜，将面团切成厚度7～8mm的薄片。

将面片置于烤箱的硅油纸上，用指尖将面片的边角捏至圆形。

7. 烘焙

在180℃的烤箱中烘焙15分钟。烘焙好后，置于冷却架上冷却。

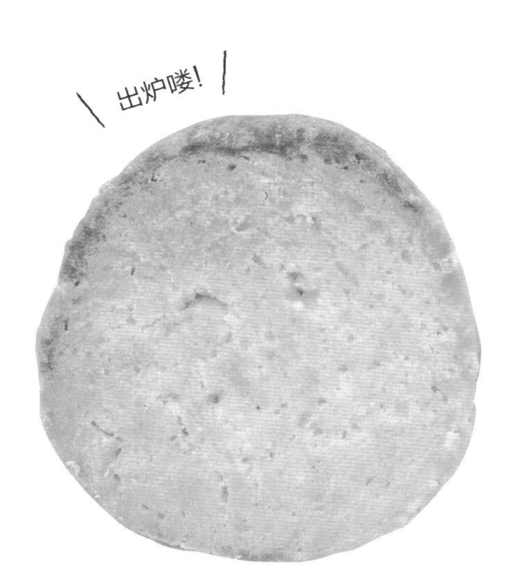

如需保存曲奇饼，则在密封容器中放入干燥剂常温保存曲奇饼。建议在数日之内食用完毕。

核桃球曲奇饼

制作这种曲奇饼的要点在于坚果口感松脆，面团稀软。
曲奇饼呈圆球形，形状可爱，老少皆宜。

材料（制作直径2cm的球形饼20个）

白砂糖……30g
芝麻油（可用色拉油代替）……40g

A

低筋面粉……120g
杏仁粉……40g
速溶咖啡……3g
盐……一小撮

B

发酵粉…… 1/4小勺（1g）
水……1大勺

核桃、杏仁……共50g
糖粉……适量

准备工作

【和面前准备】

* 搅拌**B**中材料，使发酵粉溶解。
* 将核桃和杏仁切碎。

【烘焙前准备】

* 将烤箱预热至180℃。
* 烤盘上铺一层硅油纸。

做法

和面

1. 将白砂糖放入盆中，加入芝麻油用打蛋器搅拌。
2. 将材料**A**边筛边加入，用刮刀从盆底不断翻拌面糊，避免结块。搅拌均匀至没有颗粒感。
3. 待材料**B**的发酵粉都溶解在水中后，加入**2**中，用刮刀搅拌均匀。
4. 加入切碎的核桃和杏仁粒，快速搅拌。
5. 将面团分切成20g左右的面团并捏成球状，放入保存容器中（**a**）。

发酵

6. 放入冰箱，发酵8小时以上到10天左右。

烘焙

7. 将面团发酵8小时以上，便可随取随用。摆在烤盘上，置于180℃的烤箱中烘焙15分钟。烘焙好后从模具中取出，置于冷却架上冷却。
8. 待**7**完全冷却后，与糖粉一起放入保鲜袋中。晃动保鲜袋，使糖粉均匀地粘在曲奇饼上。

a

印度奶茶曲奇饼

不添加特殊香辛料，制成印度奶茶风味的曲奇饼。每咀嚼一口，就能感受到姜和红茶的醇香在唇齿间蔓延。建议使用阿萨姆红茶，也可依个人喜好使用其他红茶。

材料（制作厚7~8mm、直径4cm的饼干12枚）

白砂糖……30g

芝麻油（可用色拉油代替）……40g

姜末……3g

A

低筋面粉……150g

阿萨姆红茶（烘焙点心专用茶或茶包）……1/2小勺

B

发酵粉……1/4小勺（1g）

牛奶……30g

准备工作

【和面前准备】

* 搅拌**B**中材料，使发酵粉溶解。

【烘焙前准备】

* 将烤箱预热至180℃。
* 烤盘上铺一层硅油纸。

做法

和面

1. 将白砂糖放入盆中，加入芝麻油和姜末后用打蛋器搅拌。
2. 将材料**A**边筛边加入，用刮刀从盆底不断翻拌面糊，避免结块。搅拌均匀至没有颗粒感。
3. 待材料**B**的发酵粉都溶解在水中后，加入**2**中，用刮刀搅拌均匀。
4. 将面团置于保鲜膜上，将面团卷成直径4cm的圆柱形。

发酵

5. 放入冰箱冷藏发酵8小时以上到10天左右。

烘焙

6. 将面团发酵8小时以上，便可随取随用。除去保鲜膜，将面团切成厚约7～8mm的小块并置于烤盘上，用指尖将每块面团捏成圆形。
7. 置于180℃的烤箱中烘焙15分钟。烘焙好后置于冷却架上冷却。

椰子莎布蕾小饼干

这种点心使用椰子的果实和油，品尝时口中沁着甜香。新鲜出炉的点心松脆，口感清淡。

燕麦曲奇饼

这种点心中加入燕麦、坚果、巧克力豆等丰富配料。简单烤制，就能够香气宜人。

椰子莎布蕾小饼干

材料（制作厚3mm、直径4～5cm的小饼干15枚）

白砂糖……20g　椰子油……45g

A

| 低筋面粉……50g
| 盐……一小撮

B

| 发酵粉……1/4小勺（1g）
| 水……1大勺

椰果条……70g

准备工作

【和面前准备】

* 搅拌**B**中材料，使发酵粉溶解。

【烘焙前准备】

* 将烤箱预热至180℃。
* 烤盘上铺一层硅油纸。

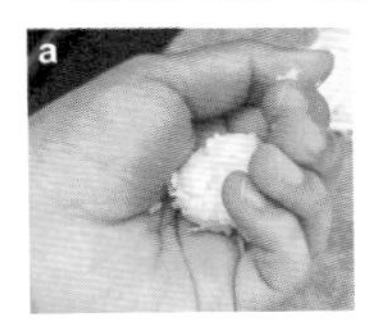

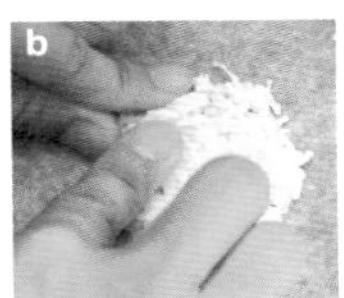

做法

和面

1. 将白砂糖放入稍大的盆中，加入椰子油后用打蛋器搅拌。
2. 将材料**A**边筛边加入，用刮刀从盆底不断翻动面糊，避免结块。搅拌均匀至没有颗粒感。
3. 待材料**B**的发酵粉都溶解在水中后，加入**2**中，用刮刀搅拌均匀。
4. 加入椰果条，快速搅拌后放入保存容器。

发酵

5. 放入冰箱冷藏发酵8小时以上到10天左右。

烘焙

6. 将面团发酵8小时以上，便可随取随用。用勺子取一点剂子，用手捏成圆形（**a**）。将剂子置于烤盘上，用手指把面饼压成厚3mm的圆饼形（**b**）。
7. 置于180℃的烤箱中烘焙15分钟。烘焙好后置于冷却架上冷却。

燕麦曲奇饼

材料（制作厚3mm、直径4～5cm的小饼干15枚）

白砂糖……40g　蜂蜜……25g

芝麻油（可用色拉油代替）……30g

A

| 低筋面粉……40g
| 盐……一小撮

B

| 发酵粉……1/4小勺（1g）
| 水……1大勺

C

| 燕麦片……70g　板栗……30g
| 杏仁……30g　巧克力豆……30g

准备工作

【和面前准备】

* 搅拌**B**中材料，使发酵粉溶解。
* 将板栗和杏仁大致切碎，与**C**的其他材料搅拌。

【烘焙前准备】

* 将烤箱预热至180℃。
* 烤盘上铺一层硅油纸。

做法

和面

1. 将白砂糖放入盆中，加入芝麻油和蜂蜜后用打蛋器搅拌。
2. 将材料**A**边筛边加入，用刮刀从盆底不断翻拌面糊，避免结块。搅拌均匀至没有颗粒感。
3. 待材料**B**的发酵粉都溶解在水中后，加入**2**中，用刮刀搅拌均匀。
4. 加入材料**C**，大致搅拌后放入保存容器。

发酵及烘焙

5. 参照“椰子莎布蕾小饼干”的制作步骤**5**～**7**，进行发酵和烘焙。

牛蒡曲奇饼

该点心使用牛蒡烘焙而成，营养价值很高。制作时加入淀粉，轻咬一口，如薄脆饼干般酥脆。也可加入胡萝卜或炒洋葱，同样美味可口。

材料（制作厚3mm、直径4～5cm的小饼干15枚）

白砂糖……20g

橄榄油……20g

A

低筋面粉……50g

淀粉……50g

B

发酵粉……1/4小勺（1g）

水……1大勺

牛蒡……80g

准备工作

【和面前准备】

* 搅拌**B**中材料，使发酵粉溶解。

【烘焙前准备】

* 将烤箱预热至180℃。
* 烤盘上铺一层硅油纸。

做法

和面

1. 将牛蒡洗净，带皮切成小粒（**a**）。
2. 将白砂糖放入盆中，加入橄榄油后用打蛋器搅拌。
3. 将材料**A**边筛边加入，用刮刀从盆底不断翻拌面糊，避免结块。搅拌均匀至没有颗粒感。
4. 待材料**B**的发酵粉都溶解在水中后，加入**3**中，用刮刀搅拌均匀。
5. 加入**1**，快速搅拌后将面团置于保鲜膜上，揉捏成适当大小。

发酵

6. 放入冰箱冷藏发酵8小时以上到7天左右。

烘焙

7. 将面团发酵8小时以上，便可以随取随用。将面团分切成大约1cm左右的立方体（**b**）。将剂子置于烤盘上，用手指把面饼压成3mm厚的圆饼形（**c**）。用叉子在面饼上戳出小气孔（**d**）。
8. 置于180℃的烤箱中烘焙15分钟。烘焙好后置于冷却架上冷却。

a

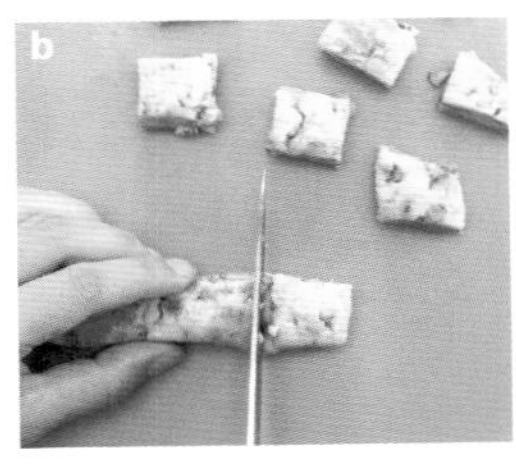
b

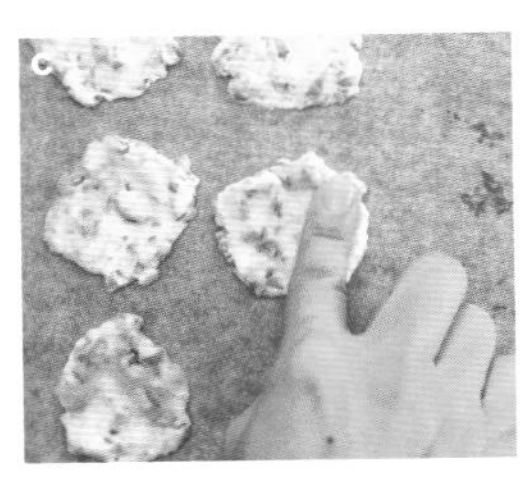
c

d

奶酪脆饼

这种点心奶酪醇香，口感清淡。可做零食或下酒小吃，可多做些备用，简单方便。

鸡蛋球

鸡蛋球有着淡淡的甜香。自制的要比市售的稍大点，让人吃得尽兴。采用传统制法烘焙而成，让人食用时非常舒心。

奶酪脆饼

材料（制作厚3～4mm、长1.5cm的脆饼60枚）

A

低筋面粉……40g　淀粉……40g
帕玛森奶酪（粉状）……30g　盐……3g
橄榄油……25g

B

发酵粉……1/4小勺（1g）
牛奶……35g

准备工作

【和面前准备】

* 搅拌**B**中材料，使发酵粉溶解。

【烘焙前准备】

* 将烤箱预热至180℃。
* 烤盘上铺一层硅油纸。

做法

和面

1. 将材料**A**边筛边加入盆中，用打蛋器搅拌。
2. 将橄榄油边搅拌边倒入，充分搅拌。
3. 待材料**B**的发酵粉都溶解在水中后，加入**2**中，用刮刀轻轻搅拌，最后将面团揉捏成形。
4. 将面团置于保鲜膜上，并揉捏成长方形的块状后包好。

发酵

5. 放入冰箱冷藏发酵8小时以上到10天左右。

烘焙

6. 将面团发酵8小时以上，便可随取随用。将面团置于保鲜膜下方，用擀面棒擀成3～4mm厚（**a**）。用比萨刀将面团切成1.5cm长的小块（**b**）。用叉子在上面戳出小气孔（**c**）。
7. 置于180℃的烤箱中烘焙15分钟。烘焙好后置于冷却架上冷却。

鸡蛋球

材料（制作直径1～1.5cm的球形饼50个）

蛋黄……1个　白砂糖……40g

A

淀粉……80g
低筋面粉……20g

B

发酵粉……1/4小勺（1g）
牛奶……15g

准备工作

【和面前准备】

* 将鸡蛋放置到常温。
* 搅拌**B**中材料，使发酵粉溶解。

【烘焙前准备】

* 将烤箱预热至180℃。
* 烤盘上铺一层硅油纸。

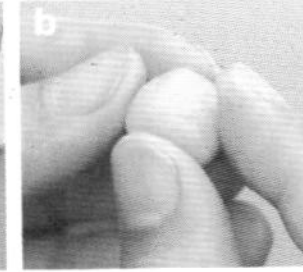
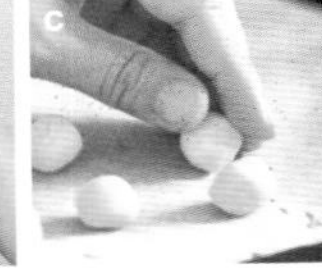

做法

和面

1. 将蛋黄加入盆中后，一次性加入白砂糖用打蛋器搅拌。
2. 将材料**A**边筛边加入，用刮刀从盆底不断翻拌面糊，避免结块。搅拌均匀至没有颗粒感。
3. 参照“奶酪脆饼”的制作步骤**3**、**4**，制作面团。

发酵

4. 放入冰箱，发酵8小时以上到3天左右。

烘焙

5. 将面团发酵8小时以上，便可随取随用。将面团切成1cm左右的立方体小块（**a**）。用手将小块面团捏成圆形（**b**）后，间隔均匀地平铺在烤盘上（**c**）。
6. 置于180℃的烤箱中烘焙15分钟。烘焙好后置于冷却架上冷却。

枫糖脆条

这种点心看上去烘焙方法很复杂，但实际上只要提前准备好面团，轻而易举就能完成。新鲜出炉的枫糖脆条尤其好吃，一定要尝试一下。

芝麻脆条

这种点心口感清甜，老少咸宜，咬一口，有着类似红糖汁的黏稠。加入芝麻，口味更加醇香。

枫糖脆条

材料（制作长度5cm的脆条50根）

低筋面粉……100g

枫糖浆……20g

A

发酵粉……1/4小勺（1g）

水……30g

芝麻油（可用色拉油代替）……10g

食用油……适量

【糖霜】

白砂糖……50g　水……20g

准备工作

【和面前准备】

* 预先筛粉。
* 搅拌**A**中材料，使发酵粉溶解。

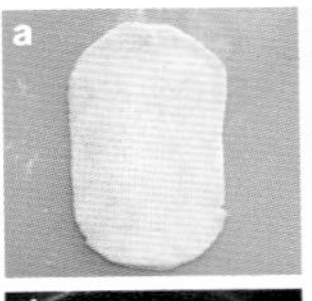

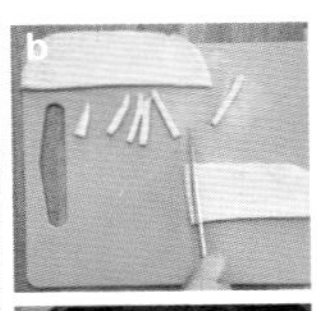

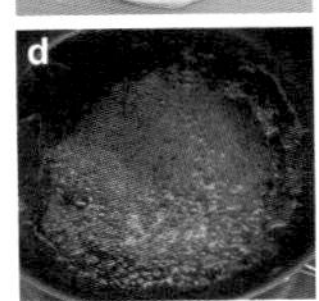

做法

和面

1 将低筋面粉加入盆中，再加入枫糖浆后用打蛋器轻轻搅拌。

2 待材料**A**的发酵粉都溶解在水中后，加入**1**中，用刮刀轻轻搅拌，揉捏面团，使面团成形。

3 将面团置于保鲜膜上，揉捏成长方形的块状。

发酵

4 放入冰箱，发酵8小时以上到10天左右。

烘焙

5 将面团发酵8小时以上，便可随取随用。去掉保鲜膜，用擀面棒将面团擀成厚约1cm的小块（**a**）。然后将面团纵切成1cm宽的条状（**b**）。

6 将食用油加热至180℃，将**5**放入油中炸至酥脆（**c**）。用漏勺捞出，沥干油并散热。

7 将制作糖霜的材料倒入平底锅中，用中火加热。当糖汁泛起细细密密的气泡（**d**），加入**6**，使糖汁均匀覆盖在脆条表面（**e**）。平铺在容器上散热。

芝麻脆条

材料（制作长度5cm的脆条50根）

A

低筋面粉……100g

白砂糖……10g

炒黑芝麻、炒白芝麻……共30g

B

发酵粉……1/4小勺（1g）

水……50g

芝麻油（可用色拉油代替）……10g

【蜜汁】

黑砂糖……50g　水……20g

准备工作

【和面前准备】

* 预先筛粉。
* 搅拌**B**中材料，使发酵粉溶解。

做法

和面、发酵及烘焙

1 将材料**A**加入盆中，用刮刀搅拌。待**B**的发酵粉都溶解在水中，加入到盆中。轻轻搅拌后，揉捏面团使其成形。

2 参照“枫糖脆条”的制作步骤**3**～**7**，制作面团，发酵、油炸并裹上糖汁。

意大利脆饼的做法

这种点心口感酥脆，让人吃得尽兴。可以单独食用，也可泡在咖啡或牛奶中食用。
可将本书中的巧克力豆替换成其他材料，做法相同。

材料（制作厚1cm、4cm×10cm的脆饼15枚）

鸡蛋……1个

白砂糖……40g

低筋面粉……150g

A

| 发酵粉……1/4小勺（1g）

| 水……30g

巧克力豆……50g

准备工作

【和面前准备】

* 将鸡蛋放置到常温。
* 搅拌**A**中材料，使发酵粉溶解。

【烘焙前准备】

* 将烤箱预热至180℃。
* 烤盘上铺一层硅油纸。

将发酵粉缓缓倒入**A**的水中，避免结块。

做法

和面

1. 搅拌鸡蛋和白砂糖

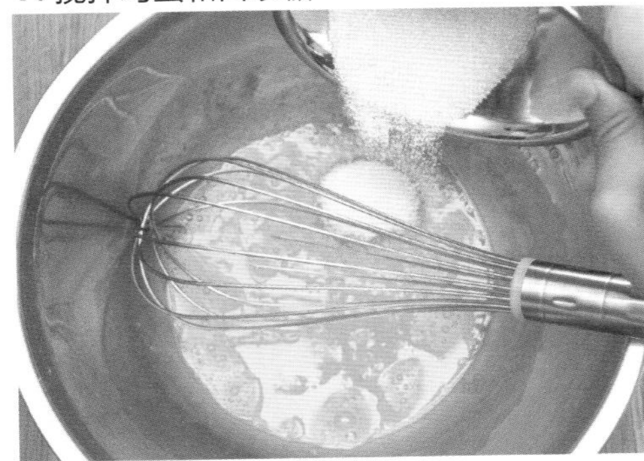

将鸡蛋打碎，放入盆中，一次性加入白砂糖后用打蛋器充分搅拌。

2. 混合面粉

将低筋面粉边筛边加入。

用刮刀从盆底部不断翻拌面糊，避免结块。搅拌均匀至没有颗粒感。

3. 加入发酵粉

待材料**A** 的发酵粉都浸没在水中，倒入盆中。
* 此时发酵粉还未完全溶解，只要浸入水中即可。

4. 加入巧克力豆

加入巧克力豆，快速搅拌。

发酵

5. 放入冰箱发酵

将面团揉捏成15cm × 10cm的长方形块状后，用保鲜膜包好。放入冰箱，发酵8小时以上到3天左右。

烘焙

6. 将面团整块烘焙

面团在冰箱中发酵8小时以上之后，便可随用随取。
* 图中为发酵两天的面团。面团已经充分发酵，变得非常紧实。

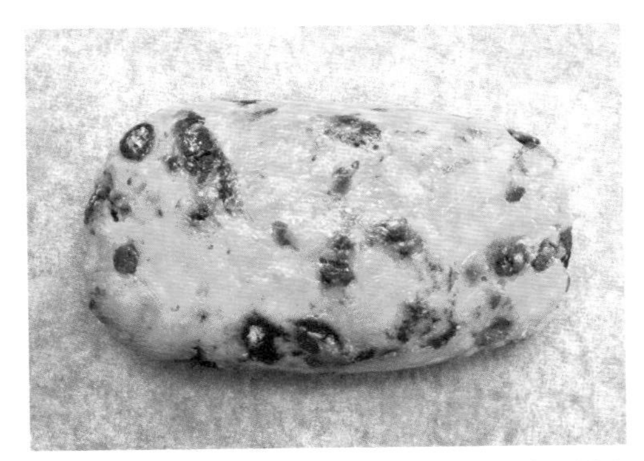

将面团整个置于烤盘上，放入170℃的烤箱中烘焙25分钟。烘焙好后，置于冷却架上冷却至可以用手触摸。

7. 切开面团烘焙

将面团切成厚1cm的片状，置于烤盘上，在预热到180℃的烤箱中烘焙20分钟。置于冷却架上冷却。

出炉喽！

如需保存，则在密封容器中放入干燥剂常温保存。建议在数日内食用完毕。

杏仁果酱脆饼

可可粉制成的面团与果酱搭配，相得益彰，与咖啡也很配，适合成人食用。
而且，杏仁香脆的口感也为脆饼增色不少。

材料（制作厚5mm、3.5cm×9cm的脆饼15枚）

鸡蛋……1个
白砂糖……50g

A
- 低筋面粉……120g
- 可可粉（无糖）……30g

B
- 发酵粉…… 1/2小勺（2g）
- 牛奶……25g
- 果酱……40g

杏仁粒……30g

准备工作

【和面前准备】

* 将鸡蛋放置到常温。
* 搅拌**B**中材料，使发酵粉溶解。

【烘焙前准备】

* 将烤箱预热至180℃。
* 烤盘上铺一层硅油纸。

做法

和面

1. 将鸡蛋打碎，放入盆中，一次性加入白砂糖后用打蛋器充分搅拌。
2. 将材料**A**边筛边加入，用刮刀从盆底不断翻拌面糊，避免结块。搅拌均匀至没有颗粒感。
3. 待材料**B**的发酵粉都溶解在水中后，加入**2**中，用刮刀搅拌均匀。
4. 加入杏仁粒，快速搅拌。
5. 将面团揉捏成8cm×9cm的块状后，用保鲜膜裹好。

发酵

6. 放入冰箱，发酵8小时以上到3天左右。

烘焙

7. 将面团发酵8小时以上，便可随取随用。置于烤盘上，放入170℃的烤箱中烘焙25分钟。置于冷却架上冷却至可以用手触摸。
8. 也可以将面团切成5mm厚的片状，置于烤盘上，在预热到180℃的烤箱中烘焙20分钟。置于冷却架上冷却。

黄豆白芝麻脆饼

这种点心使用黄豆粉和白芝麻制成。可与大麦茶或日本茶搭配食用，口味清雅而独特。

肉桂脆饼

这种点心制作简单，肉桂的香味使人食欲倍增。口感类似肉桂吐司面包，可代替面包。

黄豆白芝麻脆饼

材料（制作厚5mm、3.5cm×9cm的脆饼15枚）

鸡蛋……1个

白砂糖……70g

A

低筋面粉……120g

黄豆粉……30g

B

发酵粉……1/4小勺（1g）

水……30g

炒白芝麻……30g

准备工作

【和面前准备】

* 将鸡蛋放置到常温。
* 搅拌**B**中材料，使发酵粉溶解。

【烘焙前准备】

* 将烤箱预热至180℃。
* 烤盘上铺一层硅油纸。

做法

和面

1. 将鸡蛋打碎，放入盆中，一次性加入白砂糖后用打蛋器充分搅拌。
2. 将材料**A**边筛边加入，用刮刀从盆底不断翻拌面糊，避免结块。搅拌均匀至没有颗粒感。
3. 待材料**B**的发酵粉都溶解在水中后，加入**2**中，用刮刀搅拌均匀。
4. 加入炒白芝麻，快速搅拌。
5. 将面团揉捏成8cm×9cm的块状后，用保鲜膜裹好。

发酵

6. 放入冰箱，发酵8小时以上到3天左右。

烘焙

7. 将面团发酵8小时以上，便可随取随用。置于烤盘上，放入170℃的烤箱中烘焙25分钟。置于冷却架上冷却至可以用手触摸。
8. 也可以将面团切成5mm厚的片状，置于烤盘上，在预热到180℃的烤箱中烘焙20分钟。置于冷却架上冷却。

肉桂脆饼

材料（制作厚5mm、3.5cm×9cm的脆饼15枚）

鸡蛋……1个

白砂糖……70g

A

低筋面粉……150g

肉桂粉……1小勺

B

发酵粉……1/4小勺（1g）

水……30g

准备工作

【和面前准备】

* 将鸡蛋放置到常温。
* 搅拌**B**中材料，使发酵粉溶解。

【烘焙前准备】

* 将烤箱预热至180℃。
* 烤盘上铺一层硅油纸。

做法

和面

1. 将鸡蛋打碎，放入盆中，一次性加入白砂糖后用打蛋器充分搅拌。
2. 将材料**A**边筛边加入，用刮刀从盆底不断翻动面糊，避免结块。搅拌均匀至没有颗粒感。
3. 待材料**B**的发酵粉都溶解在水中后，加入**2**中，用刮刀搅拌均匀。
4. 将面团揉捏成8cm×9cm的块状后，用保鲜膜裹好。

发酵及烘焙

5. 参照“黄豆白芝麻脆饼”的制作步骤**6**～**8**进行发酵和烘焙。

PART3

司康饼

这种点心所需材料很少，烘焙初学者也可尝试制作。

制作要点是加入冷却的黄油，

制作面团时注意不要太用力搅拌。

利用发酵将面团整形，烘焙前将面团切成小块，

可根据个人喜好，制作不同数量的点心。

司康饼的做法

司康饼口味清淡，搭配黄油或火腿配合果酱食用，美味可口，可替代面包充当早餐。
可以头天制作面团，第二天切成小块并烘焙，简单方便，忙碌的妈妈们也能轻松制作。

材料（制作3cm厚、5cm长的司康饼6块）

A
- 低筋面粉……150g
- 白砂糖……15g
- 盐……2g

黄油……50g

B
- 发酵粉……1/2小勺（2g）
- 牛奶……40g

准备工作

【和面前准备】
* 将黄油切成1cm左右的小块，放入冰箱冷藏。
* 搅拌**B** 中材料，使发酵粉溶解。
  （将发酵粉缓缓倒入牛奶中，避免结块）

【烘焙前准备】
* 将烤箱预热至180℃。
* 烤盘上铺一层硅油纸。

做法

和面

1. 混合面粉

将材料**A** 加入稍大的盆中，用刮板翻拌。

2. 搅拌黄油

制作面团前加入冷却好的黄油。

使用刮刀纵向切割黄油，与面粉搅拌，注意避免结块。

将黄油切割成小块时，用手将剩余的黄油捏碎与面粉搅拌均匀。

面团整体呈均匀黄色后，停止搅拌。

3. 加入发酵粉

待材料**B** 的发酵粉都浸入在牛奶中。
* 此时发酵粉还未完全溶解，只要浸入即可。

将酵母水一次性加入盆中。

用刮板取一半面团，叠在另一半面团上翻拌。重复进行。注意不要太用力搅拌，避免使面团太过紧实，或者揉出面筋来。

将面团成形后，用于揉捏成长方形的块状。

4. 用保鲜膜包好

将面团置于保鲜膜上轻轻包好。用擀面棒擀匀至3cm厚的块状。

发酵

5. 放入冰箱发酵

放入冰箱冷藏发酵8小时以上至10天左右。

6. 切割面团

面团在冰箱中发酵8小时以上之后，便可随用随取。

* 图中为发酵一晚的面团。面团已经变得很硬。

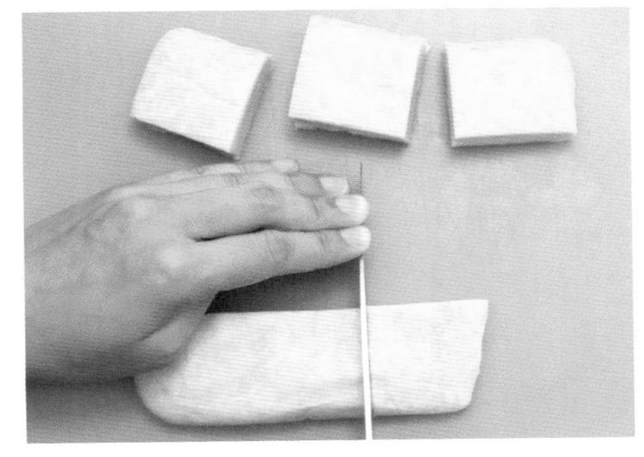

去掉保鲜膜，将面团切成六等份。

7. 烘焙

在180℃的烤箱中烘焙25分钟。烘焙好后置于冷却架上冷却。如想让点心更脆，则在烤箱中自然冷却。

出炉喽！

需要保存脆饼时，若想使其口感较硬，则在密封容器中放入干燥剂；若想使其口感松软，则放入保鲜袋常温保存。建议在数日内食用完毕。

巧克力司康饼

制作时将面团揉捏成圆形后，呈放射线切割，烘焙后呈扇形。
本书中制作的是最常见的一种司康饼，加入了定量巧克力。

材料（制作厚3cm、长6cm的扇形司康饼6块）

A

- 低筋面粉……150g
- 白砂糖……15g
- 盐……2g

黄油……50g

B

- 发酵粉……1/2小勺（2g）
- 牛奶……40g

牛奶巧克力（市售）……1盒（40g左右）

准备工作

【和面前准备】

* 将黄油切成1cm左右的块状，放入冰箱冷藏。
* 搅拌**B**中材料，使发酵粉溶解。
* 将巧克力切成适当大小。

【烘焙前准备】

* 将烤箱预热至180℃。
* 烤盘上铺一层硅油纸。

做法

和面

1. 将材料**A**加入盆中，用刮板搅拌。
2. 制作面团前加入冷却好的黄油。使用刮刀纵向切割黄油，与面粉搅拌，注意避免结块。将黄油切割成小块，用手将黄油捏碎与面粉搅拌均匀。面团整体呈均匀黄色后，停止搅拌。
3. 待材料**B**的发酵粉都溶解在牛奶中后，加入**2**中。用刮板取一半面团，叠在另一半面团进行翻拌。重复进行。面团成形后，加入巧克力。用刮板轻轻搅拌，注意避免结块。搅拌均匀后，用手将面团揉捏成圆形。
4. 将面团置于保鲜膜上轻轻包好。用擀面棒擀匀至厚3cm的块状。

发酵

5. 放入冰箱发酵8小时以上至10天左右。

烘焙

6. 面团在冰箱中发酵8小时以上之后，便可随用随取。去掉保鲜膜，将面团切成六等份（**a**）。
7. 在180℃的烤箱中烘焙25分钟。烘焙好后置于冷却架上冷却。如想让点心更脆，则在烤箱中自然冷却。

a

柠檬椰子司康饼

这种点心加入烘烤至恰到好处的椰果条，香气宜人。
同时加入了爽口的柠檬，让点心口感清爽。

材料（制作直径5cm的球形司康饼6个）

A

- 低筋面粉……150g
- 白砂糖……15g
- 盐……2g

黄油……50g

B

- 发酵粉……1/2小勺（2g）
- 牛奶……40g

柠檬汁……半个柠檬的量
椰果条……25g

准备工作

【和面前准备】

* 将黄油切成1cm左右的块状，放入冰箱冷藏。
* 搅拌**B**中材料，使发酵粉溶解。

【烘焙前准备】

* 将烤箱预热至180℃。
* 烤盘上铺一层硅油纸。

做法

和面

1. 将材料**A**加入盆中，用刮板搅拌。
2. 制作面团前加入冷却好的黄油。使用刮刀纵向切割黄油，与面粉搅拌，注意避免结块。将黄油切割成小块，用手将黄油捏碎，与面粉搅拌均匀。面团整体呈均匀黄色后，停止搅拌。
3. 待材料**B**的发酵粉都溶解在牛奶中后，加入**2**中。用刮板取一半面团，叠在另一半面团进行翻拌。重复进行。搅拌均匀后，加入一半的椰果条后搅拌，注意避免结块。
4. 面团搅拌均匀后切成六等份。将剩余的一半椰果条铺撒在每块面团表面后，将面团揉捏成圆形。

发酵

5. 放入冰箱发酵8小时以上至7天左右。

烘焙

6. 面团在冰箱中发酵8小时以上之后，便可随用随取。在180℃的烤箱中烘焙25分钟。烘焙好后置于冷却架上冷却。若想让点心更脆，则在烤箱中自然冷却。

椰果条

将椰子的果实晒干后切成细长的条状，即为椰果条。口感筋道，最适合做曲奇饼或蛋糕的配料。

酸奶司康饼

酸奶的味道令司康饼更为爽口，而且还可促进酵母发酵，为司康饼增添松脆感，食用方便。

香蕉片司康饼

香蕉片酥脆的口感是这种点心的一大特点。咀嚼时香蕉浓郁的甘甜充溢于口中。

香蕉片司康饼

材料（制作直径5cm的球形司康饼6个）

A

低筋面粉……150g
白砂糖……20g
盐……2g

椰子油……30g

B

发酵粉……1/2小勺（2g）
牛奶……45g

香蕉片……40g

准备工作

【和面前准备】

* 将香蕉片掰成适当大小。
* 搅拌**B**中材料，使发酵粉溶解。

【烘焙前准备】

* 将烤箱预热至180℃。
* 烤盘上铺一层硅油纸。

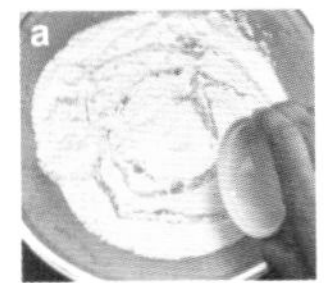
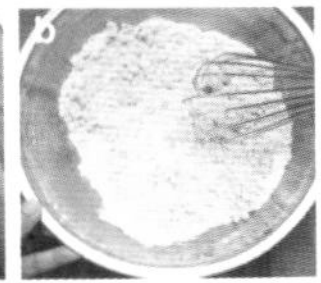
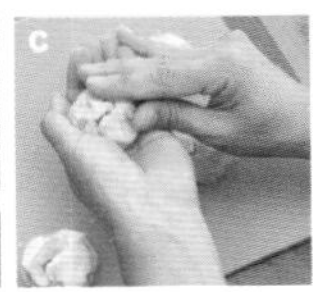

做法

和面

1. 将材料**A**加入盆中，用刮板搅拌。
2. 缓缓滴入椰子油（**a**），用打蛋器搅拌（**b**）。
3. 待材料**B**的发酵粉都溶解在牛奶中后，加入**2**中。用刮板取一半面团，叠在另一半面团进行翻拌。重复进行。面团成形后，加入香蕉片。用刮板轻轻搅拌，注意避免结块。
4. 面团搅拌均匀后切成六等份，将面团揉捏成圆形（**c**），放入保存容器。

发酵

5. 放入冰箱发酵8小时以上至7天左右。

烘焙

6. 面团在冰箱中发酵8小时以上之后，便可随用随取。在180℃的烤箱中烘焙25分钟。烘焙好后置于冷却架上冷却。若想让点心更脆，则在烤箱中自然冷却。

酸奶司康饼

材料（制作厚3cm、5cm×5cm的司康饼6块）

A

低筋面粉……150g
白砂糖……20g
盐……2g

黄油……30g

B

发酵粉……1/2小勺（2g）
牛奶……10g

原味酸奶（无糖）……60g

准备工作

【和面前准备】

* 将黄油切成1cm左右的块状，放入冰箱冷藏。
* 搅拌**B**中材料，使发酵粉溶解。

【烘焙前准备】

* 将烤箱预热至180℃。
* 烤盘上铺一层硅油纸。

做法

和面

1. 将材料**A**加入盆中，用刮板搅拌。
2. 加入冷却好的黄油。使用刮刀纵向切割黄油，与面粉搅拌，注意避免结块。将黄油切割成小块，用手将黄油捏碎，与面粉搅拌均匀。面团整体呈均匀黄色后，停止搅拌。
3. 待材料**B**的发酵粉都溶解在牛奶中后，加入**2**中。用刮板取一半面团，叠在另一半面团进行翻拌。重复进行。搅拌均匀后，用手将面团揉捏成长方形的块状。
4. 将面团置于保鲜膜上轻轻包好。用擀面棒擀匀至厚3cm的块状。

发酵及烘焙

5. 参照“香蕉片司康饼”的制作步骤**5**、**6**，进行发酵和烘焙。

   * 注意烘焙之前要去掉保鲜膜，并将面团切成六等份。

奶酪黑胡椒司康饼

奶酪的浓香以及浓郁热辣的黑胡椒是这种点心的特点。
这种点心不甜腻，可做零食，也可做夜间小酌时的小吃。

材料（制作厚3cm、5cm×5cm的司康饼6块）

A

低筋面粉…… 150g
白砂糖…… 15g
盐…… 2g
帕玛森奶酪……30g
黑胡椒粒……4g

橄榄油……40g

B

发酵粉……1/2小勺（2g）
牛奶……70g

准备工作

【和面前准备】
* 搅拌**B**中材料，使发酵粉溶解。

【烘焙前准备】
* 将烤箱预热至180℃。
* 烤盘上铺一层硅油纸。

做法

和面

1 将材料**A**加入盆中，用刮板搅拌。
2 缓缓淋入橄榄油，用打蛋器搅拌。
3 待材料**B**的发酵粉都溶解在牛奶中后，加入**2**中。用刮板取一半面团，叠在另一半面团进行翻拌。重复进行。搅拌均匀后用手揉捏成长方形的块状。
4 将面团置于保鲜膜上轻轻包好。用擀面棒擀匀至厚3cm的块状。

发酵

5 放入冰箱发酵8小时以上至7天左右。

烘焙

6 面团在冰箱中发酵8小时以上之后，便可随用随取。去掉保鲜膜，并将面团切成六等份。
7 在180℃的烤箱中烘焙25分钟。烘焙好后置于冷却架上冷却。如想让点心更脆，则在烤箱中自然冷却。

甜酒司康饼

甜酒自带甜味以及水分，因此制作材料可简化为5种。
甜酒的甜香以及醇厚的口感与面团相得益彰。

材料（制作厚3cm、5cm×5cm的司康饼6块）

A

- 低筋面粉…… 150g
- 盐…… 2g

黄油……30g

B

- 发酵粉……1/2小勺（2g）
- 甜酒……50g

准备工作

【和面前准备】

* 将黄油切成1cm左右的块状，放入冰箱冷藏。
* 搅拌**B** 中材料，使发酵粉溶解。

【烘焙前准备】

* 将烤箱预热至180℃。
* 烤盘上铺一层硅油纸。

做法

和面

1. 将材料**A** 加入稍大的盆中，用刮板搅拌。
2. 加入冷却好的黄油。使用刮刀纵向切割黄油，与面粉搅拌，注意避免结块。将黄油切割成小块，用手将黄油捏碎，与面粉搅拌均匀。面团整体呈均匀黄色后，停止搅拌。
3. 待材料**B** 的发酵粉都溶解在甜酒中后，加入**2** 中。用刮板取一半面，叠在另一半面上进行翻拌。重复进行。搅拌均匀后，用手揉捏成长方形的块状。
4. 将面团置于保鲜膜上轻轻包好。用擀面棒擀匀至厚3cm的块状。

发酵

5. 放入冰箱发酵8小时以上至7天左右。

烘焙

6. 面团在冰箱中发酵8小时以上之后，便可随用随取。去掉保鲜膜，并将面团切成六等份。
7. 在180℃的烤箱中烘焙25分钟。烘焙好后置于冷却架上冷却。若想让点心更脆，则在烤箱中自然冷却。

甜酒

甜酒不仅可以直接饮用，还可替代白砂糖或牛奶制作点心。可根据个人喜好，选择不同种类的甜酒，建议使用没有颗粒感的甜酒。

黑橄榄西红柿干司康饼

黑橄榄的咸味和西红柿干的酸味绝妙地配合，让你欲罢不能。制作面团时采用意大利风格，使用与面粉相得益彰的橄榄油和面。

红薯司康饼

红薯天然独具的甜香是这种点心的亮点。如果给小孩子食用，可将面团捏成更小的圆球。

红薯司康饼

材料（制作直径约5cm的球形司康饼6个）

A

低筋面粉……150g
白砂糖……15g
盐……2g

黄油……50g

B

发酵粉……1/2小勺（2g）
牛奶……30g

红薯 70g

准备工作

【和面前准备】

* 将黄油切成1cm左右的块状，放入冰箱冷藏。
* 搅拌**B** 中材料，使发酵粉溶解。
* 红薯去皮后切成适当大小。

【烘焙前准备】

* 将烤箱预热至180℃。
* 烤盘上铺一层硅油纸。

做法

和面

1. 将红薯煮熟后沥干水分。
2. 将材料**A** 加入盆中，用刮板搅拌。
3. 加入冷却好的黄油。使用刮板纵向切割黄油，与面粉搅拌，避免结块。将黄油切割成小块，用手将黄油捏碎，与面粉搅拌均匀。面团整体呈均匀黄色后，停止搅拌。
4. 待材料**B** 的发酵粉都溶解在牛奶中后，加入**3** 中。用刮板取一半面，叠在另一半面上进行翻拌。重复进行。搅拌均匀后加入**1**，用刮板搅拌，注意避免结块。
5. 面团制作好后切成六等份用手捏圆，放入保存容器中。

发酵

6. 放入冰箱发酵8小时以上至5天左右。

烘焙

7. 面团在冰箱中发酵8小时以上之后，便可随用随取。在180℃的烤箱中烘焙25分钟。烘焙好后置于冷却架上冷却。如想让点心更脆，则在烤箱中自然冷却。

黑橄榄西红柿干司康饼

材料（制作直径约5cm的球形司康饼6个）

A

低筋面粉……150g
白砂糖……15g
盐……2g

橄榄油……20g

B

发酵粉……1/2小勺（2g）
牛奶……40g

黑橄榄（无籽）……30g　西红柿干……20g

准备工作

【和面前准备】

* 搅拌**B** 中材料，使发酵粉溶解。

【烘焙前准备】

* 将烤箱预热至180℃。
* 烤盘上铺一层硅油纸。

做法

和面、发酵及烘焙

1. 将黑橄榄和西红柿干切成大丁。
2. 将材料**A** 加入盆中，用刮板搅拌。
3. 淋入橄榄油，用打蛋器搅拌。
4. 待材料**B** 的发酵粉都溶解在牛奶中后，加入**3** 中。用刮板取一半面，叠在另一半面上进行翻拌。重复进行。搅拌均匀后加入**1**，用刮板搅拌，注意避免结块。
5. 面团制作好后切成六等份用手捏圆，放入保存容器中。
6. 参照“红薯司康饼”的制作步骤**6**、**7**，进行发酵和烘焙。

PART4

甜甜圈

每次一闻到炸甜甜圈的油香，就会无比期待今天的点心时光。

本书中介绍两种口感不同的甜甜圈的做法，一种松软，一种酥脆。

冷藏发酵后的面团很适合油炸，一定要两种做法都尝试一下。

松软甜甜圈的做法

在这种松软的甜甜圈上一定要撒上足量的糖粉。
采用传统做法烘焙而成，绝对美味。
这种点心无比松软，口感极佳，让人欲罢不能。

材料（制作直径约5～6cm的甜甜圈6个）

A

- 高筋面粉……70g
- 低筋面粉……30g
- 白砂糖……10g
- 盐……1g

B

- 发酵粉……1/4小勺（1g）
- 牛奶……65g

黄油……10g
食用油……适量
糖粉……适量

准备工作

【和面前准备】

* 将黄油放置到常温。
* 搅拌**B**中材料，使发酵粉溶解。
  （将发酵粉缓缓倒入牛奶中，避免结块）

【炸制前准备】

* 将一大张硅油纸切割成6小张6cm×6cm的正方形。

做法

和面

1. 搅拌各类面粉与发酵粉

将材料**A**加入稍大的盆中，用刮板搅拌。待材料**B**的发酵粉都浸入牛奶中，再加入盆中。
* 此时发酵粉还未完全溶解，只要浸入牛奶中即可。

用刮刀从盆底不断翻拌面糊，快速搅拌。

面团的粉状感消失后，将手轻轻弯曲，用手指按压面团。如此重复折面、按压的步骤3分钟。

2. 搅拌黄油

将黄油置于面团上。

用手揉捏面团，使黄油与面团充分混合。

面团的光泽感消失后，将面团捏成圆形。

发酵

3. 在冰箱中发酵

将面团放入内侧涂抹了芝麻油或色拉油（材料外）的保鲜袋中，将袋口扎紧。放入冰箱，发酵8小时以上到3天左右。

* 每天一次将面团捏圆，防止过度发酵。

4. 切块

面团在冰箱中发酵8小时以上之后，便可随用随取。
* 图中为发酵两天的面团。面团已经变得很硬。

案板上撒上面粉后，放置面团，并从上轻轻地按压面团，使其成圆形。用菜刀或刮刀轻轻将面团分成六等份。

5. 整形

将面团分成六等份，切痕朝上放置。

捏着面团的切痕朝内翻，将面叠在一起。

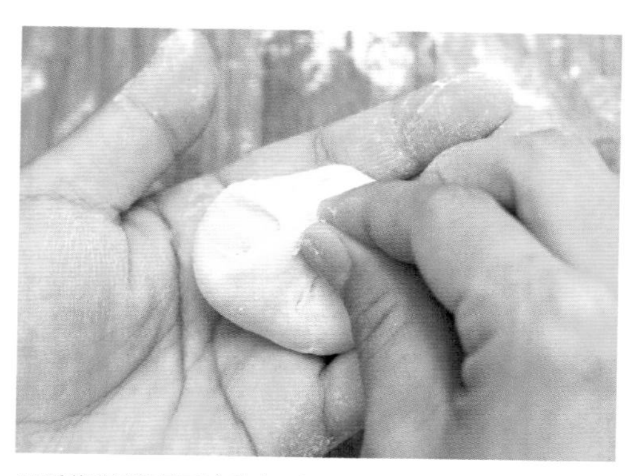

用手指捏紧面团接缝部后，将面团捏成圆形。

将面团放置于案板上，在中央部位用手指戳一个孔。

把手指放入面团反面的孔中，边拉伸面团边转圈，使中间的孔变大。

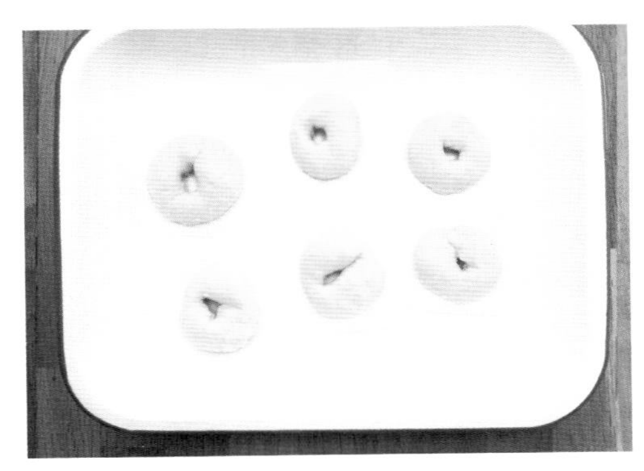

将6个面团分别放在切割成6张的硅油纸上，常温发酵15分钟。

6. 炸制

将粘在硅油纸上的面团朝下放入180℃的油中。

面团一面炸四五分钟后再炸另一面。中途要将硅油纸去掉。用漏勺捞出，沥干油并散热。

出锅喽!

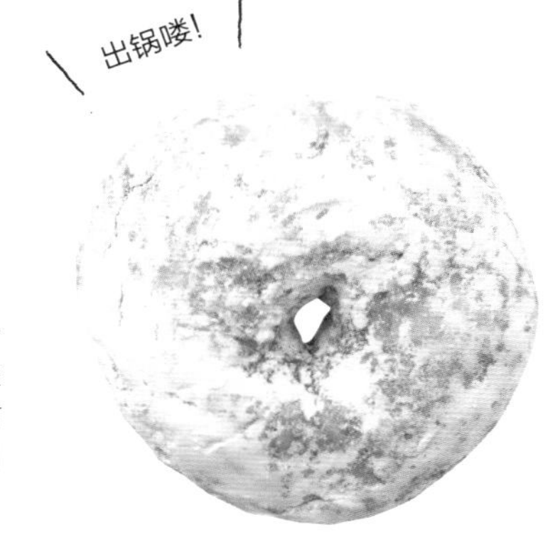

甜甜圈完全冷却后裹上糖粉。裹糖粉时，建议将糖粉与甜甜圈一起放入袋中摇晃，这样操作较简单。然后将甜甜圈放入保鲜袋中常温保存，建议3日内食用完毕。

酥脆甜甜圈的做法

这种甜甜圈表层酥脆，内里紧实，是甜甜圈的传统做法。
可将切割甜甜圈后剩下的面皮团成团，一起入锅炸。
炸出的迷你甜甜圈也别有一番风味。
家常烘焙的乐趣尽在其中。

材料（制作直径约6～7cm的甜甜圈6个）
黄油……30g
白砂糖……70g
鸡蛋……1个
香草油……数滴
低筋面粉……200g
A
| 发酵粉……1小勺（4g）
| 牛奶……30g
食用油……适量

准备工作
【和面前准备】
* 将黄油放置到常温，或置于微波炉中加热30秒，使其软化。
* 将鸡蛋放置到常温，在盆中打散成蛋液。
* 搅拌**A**中材料，使发酵粉溶解。
（将发酵粉缓缓倒入牛奶中，避免结块）

做法

和面

1. 搅拌黄油和白砂糖

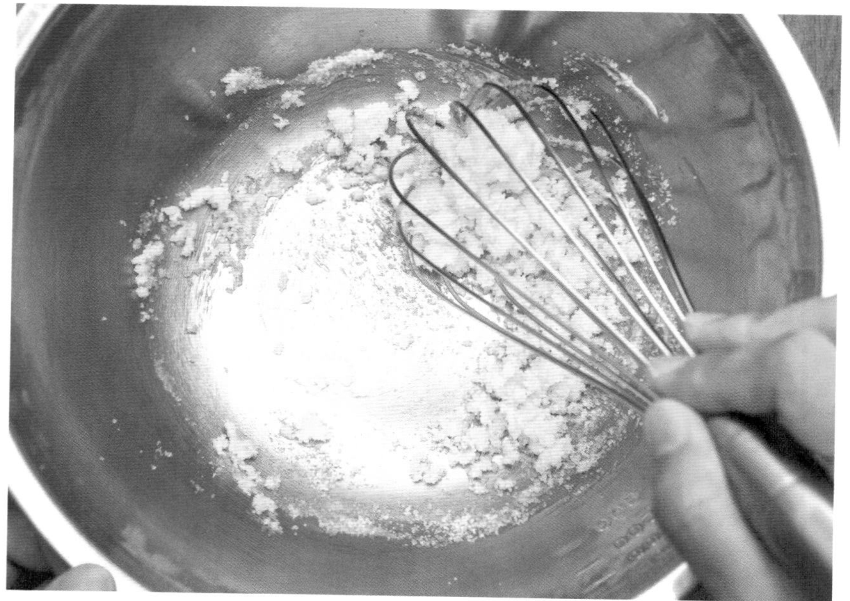

将黄油加入稍大的盆中，用打蛋器轻轻搅拌。搅拌至黄油成柔软的乳膏状即可。一次性加入白砂糖，充分搅拌。

2. 加入鸡蛋和香草油后搅拌

加入鸡蛋搅碎，充分搅拌。

滴入几滴香草油后搅拌。

3. 搅拌低筋面粉

将低筋面粉边筛边加入，用刮刀搅拌均匀。

4. 加入发酵粉

待材料**A** 的发酵粉浸入牛奶后，倒入盆中，用刮刀搅拌。

* 此时发酵粉还未完全溶解，只要浸入牛奶中即可。

搅拌至面团的粉状感消失，整体较均匀为止。

发酵

5. 放入冰箱中发酵

将面团置于保鲜膜上，包裹成适当大小。放入冰箱中，发酵8小时以上到3天左右。

制作

6. 整形

面团在冰箱中发酵8小时以上之后，便可随用随取。
* 图中为发酵两天的面团。面团已经变得很硬。

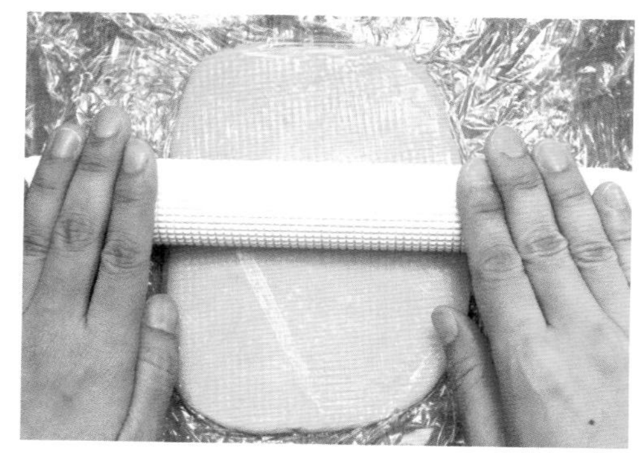

将面团置于保鲜膜下，用擀面棒擀至厚约1.5cm的块状。

如有甜甜圈模具最好，如无则可用杯子等物将面团切割成圆形的面饼。

用装点心的空容器等物在面饼中间戳一个孔。

将切割完的面团团起来再次切成圆形的面饼。然后将剩余的面团捏成小圆球。

7. 炸制

一面炸四五分钟后再炸另一面。用漏勺捞出，沥干油并散热。

出锅喽！

如需保存，则放入保鲜袋常温保存即可。建议3日内食用完毕。

摩卡咖啡甜甜圈

这种甜甜圈可制作成圆形，也可制作成如店铺出售的那种麻花形。
以上两种做法都意想不到的简单易学，可丰富一下你的美食清单。

材料（制作约长12cm的甜甜圈7个）

A

高筋面粉……70g
低筋面粉……30g
白砂糖……10g
盐……1g
速溶咖啡……2g

B

发酵粉……1/4小勺（1g）
牛奶……65g

黄油……10g
食用油……适量

【咖啡糖衣】

速溶咖啡……2g
糖粉……40g
水……5～10g

准备工作

【和面前准备】

* 将黄油放置到常温。
* 搅拌**B**中材料，使发酵粉溶解。

【炸制前准备】

* 将硅油纸切割成7张5cm×12cm的长方形。
* 将咖啡糖衣的各种材料搅拌至稀糊状。

做法

和面

1 将材料**A**加入盆中，用刮刀搅拌。
2 待材料**B**的发酵粉都溶解在牛奶中后，加入**1**中，用刮刀从盆底不断翻拌面糊，充分搅拌。面团的粉状感消失后，用手指尖按压面团。如此重复折面、按压的步骤3分钟。
3 将黄油置于面团上。用手揉捏面团，使黄油与面团充分混合。面团的光泽感消失后，将面团揉捏成长方形的块状。
4 将面团放入内侧涂抹了芝麻油或色拉油（材料外）的保鲜袋中，将袋口扎紧。

发酵

5 放入冰箱，发酵8小时以上到3天左右。每天一次揉捏面团，防止过度发酵。

炸制

6 面团在冰箱中发酵8小时以上之后，便可随用随取。将面团置于保鲜膜下，用擀面棒擀至厚1cm的块状。
7 将面团纵切为七等份，用双手将面团搓成细绳状的面条（**a**）。捏住面条中间位置，将面条两头交叉后置于和面台上，将面条左右两头继续交叉（**b**）。
8 将整形好的面团分别置于切割好的硅油纸上，常温发酵15分钟。
9 将面团朝下放入180℃的油中。面团一面炸四五分钟后再炸另一面。中途要将硅油纸去掉。用漏勺捞出，沥干油并散热。
10 甜甜圈冷却后，其中一面裹上糖衣，晾干（**c**）。

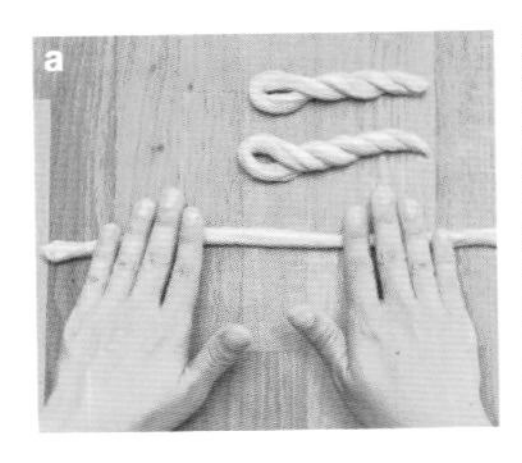
a

b

c

花形松软甜甜圈

这种甜甜圈中加入了糯米粉，有弹性又有嚼劲。
花形和糖衣相结合的甜甜圈，卖相可爱，孩子们一定会喜欢。

材料（制作直径6cm的甜甜圈4枚）

A

- 低筋面粉……150g
- 糯米粉……100g
- 白砂糖……50g
- 盐……1g

B

- 发酵粉……1/4小勺（1g）
- 牛奶……170g

黄油……10g
食用油……适量

【糖衣】

- 糖粉……40g
- 水……5～10g

准备工作

【和面前准备】

* 搅拌**B** 中材料，使发酵粉溶解。

【炸制前准备】

* 将硅油纸切割成4张7cm×7cm的正方形。
* 将糖衣的各种材料搅拌至稀糊状。

做法

和面

1. 将材料**A** 加入盆中，用刮刀搅拌。
2. 待材料**B** 的发酵粉都溶解在牛奶中后，加入**1** 中，用刮刀从盆底不断翻动面糊，充分搅拌。面团的粉状感消失后，用手指尖按压面团。如此重复折面、按压的步骤3分钟。
3. 将面团放入内侧涂抹了芝麻油或色拉油（材料外）的保鲜袋中，将袋口扎紧。

发酵

4. 放入冰箱，发酵8小时以上到3天左右。每天一次揉捏面团，防止过度发酵。

炸制

5. 面团在冰箱中发酵8小时以上之后，便可随用随取。将面团置于保鲜膜下，用擀面棒擀至厚1cm的块状。
6. 将面团切成20个边长1.5cm的块状（**a**），分别用手揉捏成圆形（**b**）。
7. 在切割好的硅油纸上分别放置5个步骤**6** 中的块状，摆成花形。常温发酵15分钟（**c**）。
8. 将面团朝下放入180℃的油中。一面炸四五分钟后再炸另一面。中途要将硅油纸去掉。用漏勺捞出，沥干油并散热。
9. 甜甜圈冷却后，其中一面裹上糖衣晾干（**c**）。

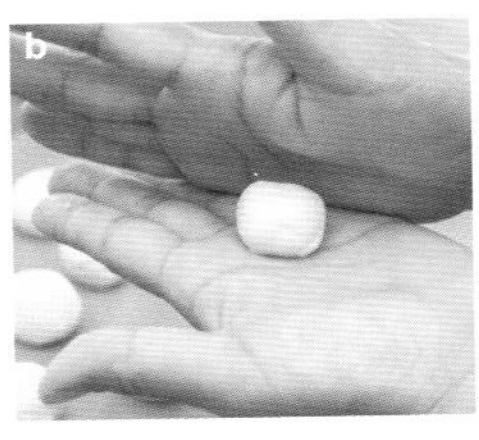

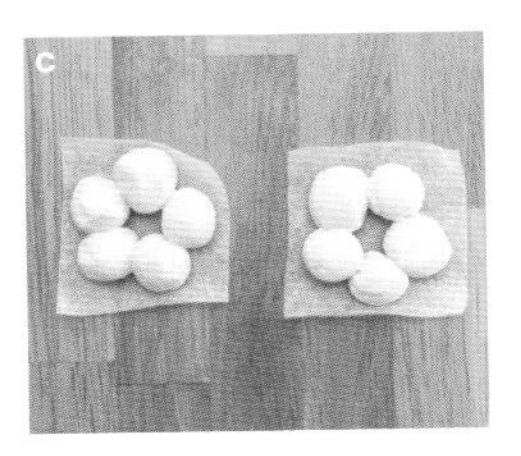

豆腐甜甜圈

这种甜甜圈如炸面包般简单，在面团中加入了豆腐，健康美味。
这种甜甜圈甜度一般，喜欢偏甜口味的可在黄豆粉中多加些糖粉。

材料（制作5cm×3cm的甜甜圈6个）

A

低筋面粉……70g
高筋面粉……30g
白砂糖……10g
盐……一小撮

B

发酵粉……1/4小勺（1g）
水……10g

嫩豆腐……100g
食用油……适量

C

黄豆粉……30g
糖粉……30g

准备工作

【和面前准备】

* 搅拌**B**中材料，使发酵粉溶解。

【炸制前准备】

* 将硅油纸切割成6张5cm×5cm的正方形。
* 搅拌**C**中材料。

做法

和面

1. 将材料**A**加入盆中，用刮刀搅拌。
2. 待材料**B**的发酵粉都溶解在水中后，加入**1**中，用刮刀从盆底不断翻拌面糊，充分搅拌。加入去水的嫩豆腐后用手揉捏面糊，使豆腐与面糊充分融合。揉捏3分钟，将面团捏成长方形的块状。
3. 将面团放入内侧涂抹了芝麻油或色拉油（材料外）的保鲜袋中，将袋口扎紧。

发酵

4. 放入冰箱，发酵8小时以上到3天左右。每天一次揉捏面团，防止过度发酵。

炸制

5. 面团在冰箱中发酵8小时以上之后，便可随用随取。将面团置于保鲜膜下，用擀面棒擀至9cm×10cm的长方形块状。
6. 将面团横切成两半，再将每一半的面团分切成三等份的棒状。用双手夹着面团揉搓，去掉面团的棱角。
7. 将面团分别置于切割成六等份的硅油纸上，常温发酵15分钟。
8. 将面团朝下放入180℃的油中。一面炸四五分钟后再炸另一面。中途要将硅油纸去掉。用漏勺捞出，沥干油并散热。
9. 甜甜圈冷却后，裹上材料**C**。

酥脆面团

可可甜甜圈

这种甜甜圈口感酥脆，再加上可可的风味，苦中带甜，非常适合成人食用。
与牛奶或咖啡都很配哦。

材料（制作直径6cm的甜甜圈6个）

黄油……30g
白砂糖……70g
鸡蛋……1个
香草油……数滴
A
低筋面粉……200g
可可粉（无糖）……10g
B
发酵粉……1/2小勺（2g）
牛奶……45g
食用油……适量

准备工作

【和面前准备】

* 将黄油放置到常温，或置于微波炉中加热30秒，使其软化。
* 将鸡蛋放置到常温。
* 搅拌**B**中材料，使发酵粉溶解。

做法

和面

1 将黄油加入盆中，用打蛋器轻轻搅拌至黄油成柔软的乳膏状即可。
2 一次性加入白砂糖，充分搅拌。
3 加入鸡蛋和香草油搅拌。
4 将材料**A**边筛边加入，用刮刀搅拌直至均匀。
5 待材料**B**的发酵粉都溶解在牛奶中后，加入**4**中，用刮刀搅拌直至均匀。
6 将面团置于保鲜膜上，包裹成适当大小。

发酵

7 放入冰箱中，发酵8小时以上到3天左右。

炸制

8 面团在冰箱中发酵8小时以上之后，便可随用随取。将面团置于保鲜膜下，用擀面棒擀至厚1.5cm的块状。
9 用杯子等物将面团切割成圆形的小块。再用装点心的空容器等物在面团中央戳一个孔。将切割完的面团团起来再次切割圆形的面团。然后将剩余的面皮揉捏成小圆球。
10 将面团放入180℃的油中，一面炸四五分钟后再炸另一面。用漏勺捞出，沥干油并散热。

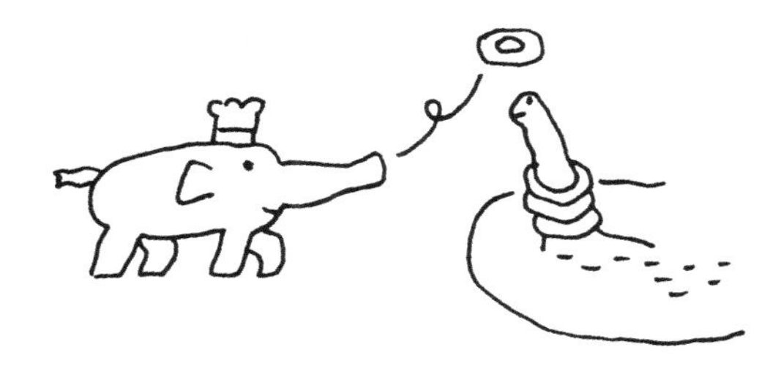

南瓜甜甜圈

面团中加入南瓜，色泽鲜艳。使用冷冻的南瓜时，应该解冻南瓜后剥皮使用。

芝麻甜甜圈

这种甜甜圈是典型的日式风味，口感比较类似冲绳的特色点心“油炸糖饼”。甜甜圈中加入足量的炒芝麻，清香无比，刺激味蕾。

酥脆面团

南瓜甜甜圈

材料（制作直径4cm的甜甜圈12个）

黄油……30g
白砂糖……70g
鸡蛋……1个
香草油……数滴
低筋面粉……200g

A

发酵粉……1/2小勺（2g）
牛奶……30g
南瓜（可用冷冻南瓜代替）……80g

食用油……适量

准备工作

【和面前准备】

* 将黄油放置到常温，或置于微波炉中加热30秒，使其软化。
* 将鸡蛋放置到常温。
* 南瓜煮后去皮，并用叉子捣碎。
* 搅拌**A**中材料，使发酵粉溶解。

做法

和面

1. 将黄油加入盆中，用打蛋器轻轻搅拌至黄油成柔软的乳膏状即可。
2. 一次性加入白砂糖，充分搅拌。
3. 加入鸡蛋和香草油搅拌。
4. 将低筋面粉边筛边加入，用刮刀搅拌直至均匀。
5. 待材料**A**的发酵粉都溶解在牛奶中后，加入**4**中，用刮刀搅拌至均匀。
6. 将面团置于保鲜膜上，包裹成适当大小。

发酵

7. 放入冰箱中，发酵8小时以上到3天左右。每天一次揉捏面团，防止过度发酵。

炸制

8. 面团在冰箱中发酵8小时以上之后，便可随用随取。将面团置于保鲜膜下，用擀面棒擀至8cm×24cm的长方形块状。
9. 将面团横切成两半，再将每一半的面团分切成六等份。
10. 将面团放入180℃的油中，一面炸四五分钟后再炸另一面。用漏勺捞出，沥干油并散热。

酥脆面团

芝麻甜甜圈

材料（制作4cm×2.5cm的甜甜圈12个）

黄油……30g
白砂糖……70g
鸡蛋……1个
香草油……数滴

A

低筋面粉……200g
炒黑芝麻……20g

B

发酵粉……1/2小勺（2g）
牛奶……45g

食用油……适量

准备工作

【和面前准备】

* 将黄油放置到常温，或置于微波炉中加热30秒，使其软化。
* 将鸡蛋放置到常温。
* 用打蛋器搅拌材料**A**。
* 搅拌材料**B**，使发酵粉溶解。

做法

和面及发酵

1. 参照“南瓜甜甜圈”的操作步骤**1**～**7**，制作面团并发酵。
   * 将步骤**4**中的“低筋面粉”换成“材料**A**”；将步骤**5**中的“材料**A**”换成“材料**B**”。

炸制

2. 面团在冰箱中发酵8小时以上之后，便可随用随取。将面团置于保鲜膜下，用擀面棒擀至8cm×15cm的长方形块状。
3. 将面团横切成两半，再将每一半的面团分别切成六等份。
4. 将面团放入180℃的油中，一面炸四五分钟后再炸另一面。用漏勺捞出，沥干油并散热。

PART5

松饼

用发面制作的松饼很有嚼劲，这也正是发面的一个魅力所在。

如将制作松饼的面团简单烘焙，则为法式松饼，

如用油炸则为甜甜圈，可以自由发挥，不受束缚，岂不妙哉。

松饼用平底锅便可搞定，食用时心中充溢着幸福感，

是广受大家喜爱的点心。

松饼的做法

面粉经充分发酵后，制作出的松饼与普通松饼相比，既松软又有嚼劲。
做好的松饼搭配黄油或枫糖浆一起食用，十分美味！

材料（制作直径10cm的松饼5块）

A

- 低筋面粉……150g
- 高筋面粉……50g
- 白砂糖……20g

鸡蛋……1个

B

- 发酵粉……1/2小勺（2g）
- 牛奶……200g

黄油……15g

黄油、枫糖浆……各适量

准备工作

【和面前准备】

* 将鸡蛋放置到常温。
* 搅拌材料**B**，使发酵粉溶解。

将发酵粉缓缓倒入材料**B**的牛奶中，避免结块。

做法

和面

1.混合面粉

将材料**A**加入盆中，用打蛋器搅拌。

2.加入鸡蛋

加入鸡蛋并充分搅拌。

3.加入发酵粉

待材料**B** 的发酵粉都浸入牛奶中后，将其中的三分之一加入盆中，充分搅拌。

＊此时发酵粉还未完全溶解，只要浸入牛奶中即可。

当搅拌至看不到牛奶后，再加入材料B的三分之一，充分搅拌。

同样，搅拌至看不到牛奶后，再将剩余的材料**B** 加入盆中，充分搅拌。

4.加入黄油

将黄油在微波炉中加热后倒入盆中。充分搅拌至看不到黄油为止。

和面前准备

5. 放入冰箱中发酵

将面糊倒入较深的保存容器中，盖上盖子。放入冰箱冷藏发酵8小时以上至3天左右。

煎制

6. 煎制

面糊在冰箱中冷藏发酵8小时以上之后，便可随用随取。

＊图中是发酵一天的面糊。

用中火加热平底锅，加入黄油后，用勺子舀适量面糊，使其呈圆形摊在平底锅中。

面糊表面出现气泡后，翻到另一面煎制好。盛入器皿中，根据个人喜好，蘸取黄油或枫糖浆后食用。

\ CHECK! /

制作松饼的面糊原则上可以在冰箱里保存3天左右，但为防止过度发酵，应每天一次用勺子搅拌面糊，并尽早使用。

用制作松饼的面糊做甜甜圈

临时起意想尝试新做法时，也可用松饼面糊来炸制甜甜圈。这种面糊比制作普通甜甜圈的要软一些。可用勺子取适量面糊放入油中进行炸制，有点类似糖果的口感。食用时可以体会一下不同做法下点心口感的差异。

材料

制作松饼的面糊……适量

食用油……适量

做法

用勺子舀取发酵好的松饼面糊，放入180℃的油中炸制。一面炸四五分钟后再炸另一面。用漏勺捞出，沥干油并散热。

可可松饼

在可可味的松饼中加入足量的奶油霜和坚果，是卖相很好、很特别的一款松饼。

材料（制作直径10cm的松饼5块）

A

- 低筋面粉……150g
- 高筋面粉……50g
- 白砂糖……20g
- 可可粉（无糖）……10g

鸡蛋……1个

B

- 发酵粉……1/2小勺（2g）
- 牛奶……200g

黄油……15g

【其他配料】

奶油霜（市售）、核桃……各适量

准备工作

【和面前准备】

* 将鸡蛋放置到常温。
* 搅拌材料**B**，使发酵粉溶解。

做法

和面

1. 将材料**A**加入盆中，用打蛋器搅拌。
2. 加入鸡蛋并充分搅拌。
3. 待材料**B**的发酵粉都溶解在牛奶中后，将**B**分三次等量加入盆中，充分搅拌。
4. 将黄油在微波炉中加热后倒入盆中。快速搅拌至看不到黄油为止。
5. 放入保存容器，盖上盖子。

发酵

6. 将面糊放入冰箱中发酵8小时以上至3天左右。
   * 为防止过度发酵，应每天一次用勺子搅拌面糊。

煎制

7. 面糊在冰箱中发酵8小时以上之后，便可随用随取。煎制之前再次搅拌面糊。用中火加热平底锅，加入黄油后，用勺子舀适量面糊，使其呈圆形摊在平底锅中。面糊表面出现气泡后，翻到另一面煎制好。
8. 盛入器皿中，裱上奶油霜，并撒上切碎的核桃。

椰子菠萝松饼

在椰子风味的松饼中加入菠萝和冰激凌，独具热带风情的一道点心。
品尝着刚出炉的点心，冰爽的冰激凌在松饼的热气中渐渐融化，那种品尝美食的喜悦不言而喻。

材料（制作直径10cm的松饼5张）

A

- 低筋面粉……150g
- 高筋面粉……50g
- 白砂糖……20g

B

- 发酵粉……1/2小勺（2g）
- 牛奶……250g

椰子油……15g
菠萝（罐头）……200g
【其他配料】
菠萝（罐头）、冰激淋……各适量

准备工作

【和面前准备】
* 搅拌材料**B**，使发酵粉溶解。
* 面团中所用的菠萝切成1cm大小的丁。

做法

和面

1 将材料**A** 加入稍大的盆中，用打蛋器搅拌。
2 待材料**B** 的发酵粉都溶解在牛奶中后，将**B** 分三次等量加入盆中，充分搅拌。
3 加入椰子油后快速搅拌至椰子油与面粉混合均匀。加入面团所用的菠萝。
4 放入保存容器，盖上盖子。

5 将面糊放入冰箱中发酵8小时以上至3天左右。
* 为防止过度发酵，应每天一次用勺子搅拌面糊。

6 面糊在冰箱中发酵8小时以上之后，便可随用随取。煎制之前再次搅拌面糊。用中火加热平底锅，加入黄油后，用勺子舀适量面糊，使其呈圆形摊在平底锅中。面糊表面出现气泡后，翻到另一面煎制好。
7 盛入器皿中，摆上菠萝和冰激凌。

法式薄松饼

将制作普通松饼的面团擀薄后，煎制成软糯的法式薄松饼。
面团很有弹性，制作出的法式薄松饼让人吃得尽兴。

材料（制作直径15cm的松饼7张）

A

低筋面粉……100g
白砂糖……20g

鸡蛋……1个

B

发酵粉……1/2小勺（2g）
牛奶……200g

枫糖浆、糖粉……各适量

准备工作

【和面前准备】

* 将鸡蛋放置到常温。
* 搅拌材料**B**，使发酵粉溶解。

做法

和面

1 将材料**A** 加入稍大的盆中，用打蛋器搅拌。
2 加入鸡蛋搅碎并充分搅拌。
3 待材料**B** 的发酵粉都溶解在牛奶中后，将**B** 分三次等量加入盆中，充分搅拌。
4 放入保存容器，盖上盖子。

发酵

5 将面糊放入冰箱中发酵8小时以上至3天左右。
 * 为防止过度发酵，应每天一次用勺子搅拌面糊。

煎制

6 面糊在冰箱中发酵8小时以上之后，便可随用随取。煎制之前再次搅拌面糊。用中火加热平底锅，加入黄油后，用勺子舀适量面糊，使其呈圆形摊在平底锅中。然后用勺子慢慢将面糊摊开。一面煎好后再煎另一面。
7 将枫糖浆涂抹在松饼上，再将松饼对折两次。盛入器皿中，用筛子撒上糖粉。

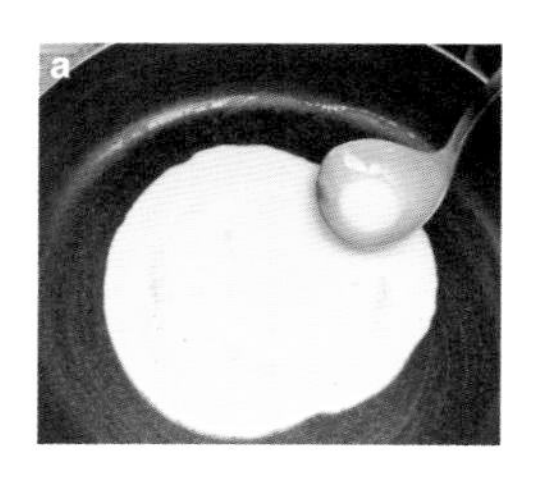

摄　　影　masaco
造　　型　Megumi Kono
采　　访　Kaoru Moriya
插　　画　Kotori Inoue
设　　计　Miho Sakato
食谱助手　Miki Ota
材料协助　cotta
道具协助　贝印株式会社：磅蛋糕模型（小） DL-6158

图书在版编目（CIP）数据

极简烘焙. 47款经典美味点心 / (日) 吉永麻衣子著;
李中芳译. -- 南京 : 江苏凤凰文艺出版社, 2019.10
ISBN 978-7-5594-4040-2

Ⅰ. ①极… Ⅱ. ①吉… ②李… Ⅲ. ①西点 – 烘焙
Ⅳ. ①TS213.2

中国版本图书馆CIP数据核字(2019)第210465号

极简烘焙:47款经典美味点心

[日] 吉永麻衣子 著　　李中芳 译

责任编辑　王昕宁
特约编辑　周晓晗 王　瑶
责任印制　刘　巍
出版发行　江苏凤凰文艺出版社
　　　　　南京市中央路165号，邮编：210009
网　　址　http:// www.jswenyi.com
印　　刷　天津联城印刷有限公司
开　　本　710毫米 × 1000毫米　1/16
印　　张　7.5
字　　数　120千字
版　　次　2019年10月第1版　2019年10月第1次印刷
书　　号　ISBN 978-7-5594-4040-2
定　　价　58.00元